Kornnattern

Lebensweise • Pflege • Zucht • Erkrankungen

von

Gunther Köhler & Philipp Berg

mit
194 Farbfotos und
18 Zeichnungen und Diagrammen

HERPETON

Titel vorne:
oben: *Pantherophis guttatus*-Männchen (P. Berg).
unten links: Jungtier einer Farbvariante (Bloodred) (D. Bohle).
unten rechts: *P. guttatus*-Weibchen nach der Eiablage (P. Berg).

Abb. S. 1: *P. guttatus* ("Amelanistic Motley") im Alter von 3 Monaten (G. Köhler)

Gunther Köhler & Philipp Berg

Kornnattern

Lebensweise • Pflege • Zucht • Erkrankungen

Offenbach: Herpeton, 2005
ISBN 3–936180-14-8

Layout und Satz: Elke Köhler, Offenbach

Inhalt

Einführung und Dank

Schlangen haben seit jeher eine besondere Faszination auf den Menschen ausgeübt. So ist es nicht verwunderlich, dass sie sich auch als Terrarientiere zunehmender Beliebtheit erfreuen. Mit einem Schlangenterrarium kann man sich ein Stück Natur ins Wohnzimmer holen und Einblicke in das Leben einer für uns zunächst exotischen Tierart und damit interessante Beobachtungen ermöglichen. Dank der heute verfügbaren technischen Möglichkeiten kann mit verhältnismäßig geringem Aufwand ein tiergerechter Ersatzlebensraum für die meisten Schlangen geschaffen werden.

Die Kornnatter hat sich aufgrund mehrerer vorteilhafter Eigenschaften einen vorderen Platz in der Beliebtheitsskala der Terrarientiere erobert: sie hat eine ansprechende Färbung und Zeichnung, erreicht eine mittlere Größe, wird leicht zahm und ist verhältnismäßig einfach zu halten. Kornnattern zählen zu den Reptilien, die sich problemlos vermehren lassen und die im natürlichen Lebensraum nicht bedroht sind. Darüber hinaus existieren heute die verschiedensten Farbzuchtformen, so dass man sich sogar eine Kornnatter nach seinem persönlichen Farbgeschmack aussuchen könnte. Dennoch sollte man im Auge behalten, dass es sich bei der Kornnatter wie bei jeder Schlange um ein (ehemaliges) Wildtier handelt, das nicht domestiziert ist und dessen Ansprüche an eine angemessene Unterbringung, ein geeignetes Terrarienklima und eine artgerechte Ernährung erfüllt werden müssen. Dieses Buch soll hierfür das Wissen vermitteln und dazu beitragen, dass Fehler bei der Haltung und Zucht dieser schönen Natter vermieden werden.

Im Folgenden möchten wir uns bei all denen bedanken, die zum Gelingen dieses Buches beigetragen haben. Insbesondere Dipl.-Biol. Rainer Berg, Neu-Anspach, war uns mit vielfachen Anmerkungen zum Manuskript behilflich und hat uns Fotomaterial zur Verfügung gestellt. Bei Michael Glaß, Klingenthal, und Daniel Bohle, Berlin, bedanken wir uns ganz besonders für das Kapitel zu den Farbvarianten. Katharina Berg, Neu-Anspach; Martin Hallmen, Erlensee; Helga Happ, Klagenfurt; Petra Mertiny-Berg, Neu-Anspach; Nils Nesheim, Neu-Anspach, danken wir für ihre Unterstützung und die Mitteilung von Erfahrungen. Für die Bereitstellung von Fotos danken wir Daniel Bohle, Berlin; Susan L. Collins, Center for North American Herpetology, Lawrence; Tom Devitt, Berkeley; Manfred und Nicole Dorka, Stuhr; Diana und Oliver Fink vom Aqua Terra Shop, Hanau; Archiv Prof. Dr. Werner Frank (†); Carl Franklin, Arlington; Michael Glaß, Klingenthal; Helga Happ vom Reptilienzoo Happ, Klagenfurt; Kenny Krysko, Gainesville; Kathy und Bill Love, Alva; Stefan Moeller, Leipzig; Dr. Birgit Rüschoff, Hamburg; Marita Wenzel, Berlin. Für die kritische Durchsicht des Manuskriptes bedanken wir uns bei Helmut Diethert, Limeshain.

Name und Systematik

Abb. 1. *Pantherophis guttatus* (anerythristisches Exemplar in Clewiston, Glades Co., Florida). Foto: K. Krysko

Der deutsche Name »Kornnatter« wurde vom englischen »Corn Snake« abgeleitet, eine Bezeichnung, die diese Schlange wohl aufgrund ihrer Häufigkeit in Maisfeldern und Getreidesilos erhalten hat. Die dort sehr häufig vorkommenden Kleinsäuger stellen eine erstklassige Nahrungsgrundlage dar. Als weitere Erklärungsmöglichkeit für den Namensbezug der Kornnatter wird die Ähnlichkeit der schwarz-weißen Bauchzeichnung mit der Anordnung von hellen und dunklen Körnern eines Maiskolben angeführt (SCHMIDT 2000).

Während sich im deutschen Sprachraum keine weiteren Trivialnamen für die Kornnatter finden, ist sie im Englischen unter den verschiedensten Bezeichnungen bekannt, wobei diese unterschiedlich geläufig sind. Der bekannteste Name ist »Corn Snake«; weiterhin wird sie bezeichnet als (in alphabetischer Reihenfolge) Bead Snake, Brown Sedge Snake, Chicken Snake, Colorado Mountain Corn Snake, Emory's Rat Snake, Great Plains Rat Snake, House King Snake, Kisatchie,

Mole Catcher, Mouse Snake, Red Racer, Red Rat Snake, Scarlet Snake, Spotted Snake, Southern Plains Rat Snake, Southwestern Rat Snake, Texas Rat Snake, Western Pilot Snake. Der wissenschaftliche Gattungsname *Pantherophis* setzt sich aus dem lateinischen »panthera« (Panther) und dem griechischen »ophis« (Schlange) zusammen; der Artname *guttatus* (gefleckt) nimmt auf die Fleckenzeichnung der Kornnatter bezug. Der Name *emoryi* wurde zu Ehren von Major WM. H. EMORY vergeben, der die Expedition leitete, bei der der Holotypus der Prärie-Kornnatter gesammelt wurde (BAIRD & GIRARD 1853). Die Art *slowinskii* wurde zu Ehren des vor wenigen Jahren verstorbenen Schlangenforschers JOSEPH B. SLOWINSKI beschrieben (BURBRINK 2002).

Die Klasse der Reptilien (Reptilia) – auch Kriechtiere genannt – umfasst vier Ordnungen. Die Ordnung Eigentliche Schuppenkriechtiere, Squamata, wird von den Unterordnungen der Schlangen (Serpentes), sowie der Echsen (Sauria) und der Doppelschleichen (Amphisbaenia) gebildet (vgl. Übersicht in KÖHLER 2001). Die Kornnatter gehört innerhalb der Schlangen (Serpentes) zu den Echten Nattern (Colubridae), die mit etwa 290 Gattungen und ca. 1800 Arten rund zwei Drittel der heute lebenden Schlangenarten ausmachen (SAVAGE 2002).

Innerhalb der großen Familie der Colubridae werden die Kornnattern gemeinsam mit anderen nordamerikanischen Kletternattern in die Gattung *Pantherophis* gestellt. Weitere Arten dieser Gattung sind die des Erdnatternkomplexes (*P. alleghaniensis, P. bairdi, P. obsoletus, P. spiloides;* vgl. BURBRINK 2001) und die Fuchsnatter (*P. vulpinus*). Bis vor wenigen Jahren wurden praktisch alle altweltlichen und neuweltlichen Kletternattern in der Gattung *Elaphe* zusammengefasst (vgl. Übersicht in SCHULZ 1996). Bis vor kurzem fasste man die Kornnatter (damals noch als *Elaphe guttata*) als Art mit vier Unterarten auf, und zwar die Gewöhnliche Kornnatter (*Elaphe guttata guttata*), die Key-Kornnatter (*E. g. rosacea*), die Nördliche Prärie-Kornnatter (*E. g. emoryi*) und die Südliche Prärie-Kornnatter (*E. g. meahllmorum*) (vgl. u.a. SCHMIDT 2000).

Basierend auf molekulargenetischen Daten konnten UTIGER et al. (2002) zeigen, dass es sich bei der Gattung *Elaphe* um ein künstliches Konglomerat von Arten und nicht um eine natürliche Abstammungsgemeinschaft handelt. Deshalb spalteten sie die Gruppe auf und verteilten sie auf mehrere Gattungen, von denen zwei neu beschrieben, andere wieder eingeführt wurden. Die nordamerikanischen Kletternattern wurden in der »wiederbelebten« Gattung *Pantherophis* zusammengefasst.

Der Gattungsname *Pantherophis* wurde bereits vor über 150 Jahren geschaffen (FITZINGER 1843), aber lange Zeit als Synonym von *Elaphe* betrachtet (SCHULZ 1996). Der Artname *guttata* musste dem maskulinen Gattungsnamen angepasst werden und lautet in Verbindung mit *Pantherophis* deshalb *guttatus*: *Pantherophis guttatus*.

Abb. 2. *Pantherophis guttatus* im natürlichen Lebensraum (Big Pine Key, Monroe Co. Florida). Früher war diese Form unter dem Namen *Elaphe guttata rosacea* bekannt.
Foto: K. Krysko

Nach dem aktuellen Stand (BURBRINK 2002) fassen wir die Kornnatter als einen Artenkomplex mit drei Arten auf: die Gewöhnliche Kornnatter (*P. guttatus*), die Prärie-Kornnatter (*P. emoryi*) und Slowinski's Kornnatter (*P. slowinskii*), wobei innerhalb dieser Arten keine Unterarten anerkannt werden; *meahllmorum* und *intermontanus* werden als Synonyme von *P. emoryi, rosacea* als Synonym von *P. guttatus* aufgefasst (BURBRINK 2002).

Schon früher war aufgefallen, dass Kornnattern von den Florida Keys sehr den geografisch nächsten Artgenossen vom Festland Floridas ähneln und dass manche Exemplare von den Keys wie

typische Festlandtiere aussehen, weshalb vermutet wird, dass ein gewisser Genfluss zwischen diesen Populationen besteht oder in jüngerer Vergangenheit bestanden hat (DUELLMAN & SCHWARTZ 1958, THOMAS 1974, MITCHELL 1977). Generell weisen die östlichen Populationen der Kornnatter einen hohen Rotanteil in der Färbung auf, während Kornnattern aus dem westlichen Louisiana mit ihrer grauen bis braunen Grundfärbung eher typischen *emoryi* ähneln. Dies wertete THOMAS (1974) als Hinweis für eine breite Vermischungszone zwischen *guttata* und *emoryi*. VAUGHAN et al. (1996) konnten aber zeigen, dass diese vermeintlichen »Intergrades« in Beschuppung und Zeichnung eher den östlichen Populationen der Kornnatter entsprachen. Aufgrund der darstellbaren genetischen Unterschiede wurden die Populationen aus dem westlichen Louisiana als eigene Art zu Ehren des vor wenigen Jahren verstorbenen Schlangenforschers JOSEPH B. SLOWINSKI beschrieben: *P. slowinskii* (BURBRINK 2002).

Abb. 3. *Pantherophis emoryi* aus Parker County, Texas.
Foto: G. Köhler

Es konnten keine stabilen Unterschiede zwischen Kornnattern aus dem westlichen Colorado und dem östlichen Utah (Areal von »*intermontanus*«) gegenüber *emoryi* aus Texas gefunden werden, so dass *intermontanus* als Unterart nicht aufrecht erhalten werden kann (SMITH et al. 1994, BURBRINK 2002).

Die systematische Einordnung der Kornnatter

Klasse
Kriechtiere (Reptilia)

Unterklasse
Schuppenkriechtiere (Lepidosauria)

Ordnung
Eigentliche Schuppenkriechtiere (Squamata)

Unterordnung
Schlangen (Serpentes)

Zwischenordnung
Nattern- und Vipernartige (Xenophidia)

Familie
Nattern (Colubridae)

Unterfamilie
Land- und Baumnattern (Colubrinae)

Gattung
Nordamerikanische Kletternattern (*Pantherophis*)

Arten
Prärie-Kornnatter (*P. emoryi*)
Gewöhnliche Kornnatter (*P. guttatus*)
Slowinski's Kornnatter (*P. slowinskii*)

Verbreitung und Lebensraum

Abb. 4. Habitat von *Pantherophis guttatus* im Ocala National Forest, Florida. Foto: G. Köhler

Das Verbreitungsgebiet der drei Kornnatterarten erstreckt sich weit über den Südosten und das Zentrum der USA sowie über das nordöstliche Mexiko. Somit ist es nicht erstaunlich, dass eine Vielzahl verschiedener Klimate und Lebensräume bewohnt wird. Von Meereshöhe bis zu Höhenlagen von etwa 2700 m erstreckt sich die vertikale Verbreitung dieser Schlangen. *P. guttatus* lebt in sommerfeuchten Laub- und Kiefernwäldern; *P. emoryi* besiedelt vor allem felsige Bereiche in Trockenwäldern, strukturierte Prärielandschaften und Savannen sowie Halbwüsten. Alle drei Arten kommen gern in die Nähe menschlicher Siedlungen, da sie dort oftmals besonders günstige Lebensbedingungen vorfinden: ein großes Nahrungsangebot durch Mäuse und Ratten im Bereich der Bauernhöfe und Kornfelder, geeignete Versteck- und Überwinterungsplätze in Scheunen, verlassenen Hütten und unter Holzansammlungen. Auch Heu- und Komposthaufen sowie Spalten und Löcher in alten Gebäudefundamenten haben eine Anziehungskraft für Kornnattern und bieten den Tieren günstige Eiablageplätze. Die Diagramme (s. S. 140) informieren über den klimatischen Jahresverlauf an ausgewählten Standorten im Verbreitungsgebiet der Kornnattern.

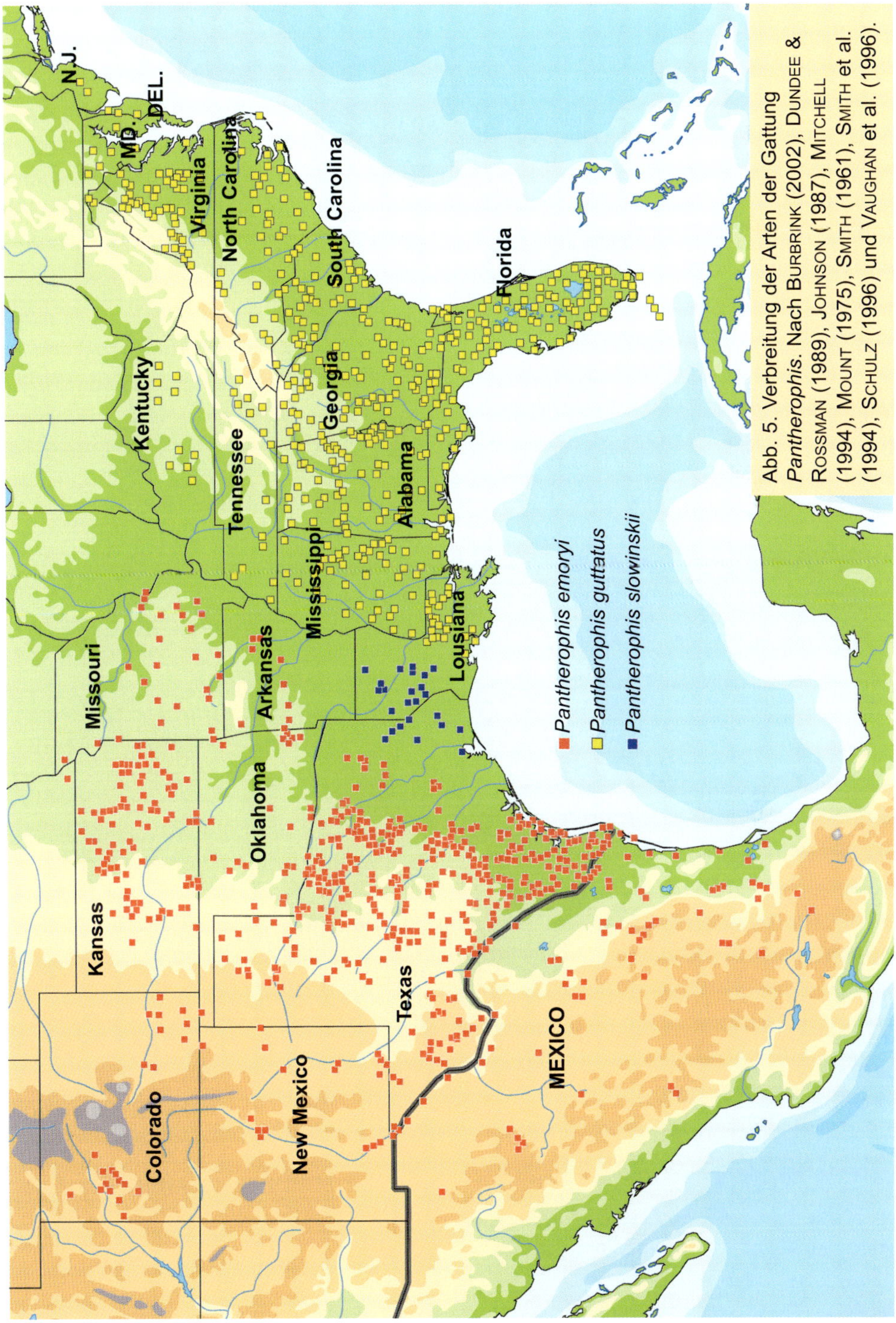

Abb. 5. Verbreitung der Arten der Gattung *Pantherophis*. Nach BURBRINK (2002), DUNDEE & ROSSMAN (1989), JOHNSON (1987), MITCHELL (1994), MOUNT (1975), SMITH (1961), SMITH et al. (1994), SCHULZ (1996) und VAUGHAN et al. (1996).

Beschreibung

Abb. 6. *Pantherophis guttatus.* Foto: D. Bohle

Körperbau

Schlangen zeichnen sich durch einen in die Länge gestreckten, gliederlosen Körper aus, bei dem Kopf, Rumpf und Schwanz unterschieden werden. Das Skelett der Kornnatter besteht neben dem Schädel nur noch aus Wirbeln und Rippen. Mit Ausnahme der ersten an den Kopf anschließenden Wirbel und dem Schwanzbereich sitzt an jedem Wirbel ein Rippenpaar. Die Anzahl der Rippenpaare beläuft sich auf über 200, die der Wirbel auf über 300. Der Schlangenkörper ist wie auch der Schädel durch einen besonders hohen Grad an Flexibilität charakterisiert.

Der Oberkiefer ist nur locker mit dem Schädel verbunden; der Unterkiefer besteht aus zwei Hälften, den sogenannten Unterkieferästen, die nicht mit einander verwachsen sind. Ober- und Unterkiefer sind mit kleinen spitzen Zähnen besetzt, die dem Festhalten der Beute dienen und entsprechend nach hinten in Richtung Schlund gebogen sind. Die Zähne der Kornnatter bezeichnet man als aglyph. Das bedeutet, sie haben keinerlei Giftübertragungsfunktion, weisen also weder Rinne noch Giftkanal auf. Ausgefallene Zähne werden immer wieder ersetzt. Der Schädelbau sowie die stark dehnbare Haut und Muskulatur ermöglichen es Kornnattern, wie auch den meisten anderen Schlangen, selbst Beutetiere zu verschlingen, die den eigenen Körperdurchmesser übertreffen (siehe Kapitel »Ernährung«).

Die inneren Organe einer Schlange entsprechen weitgehend denen anderer Wirbeltiere. Dem länglichen, schlauchförmigen Körper angepasst, sind diese allerdings stark in die Länge gezogen. Die männlichen Kornnattern verfügen über ein paariges Fortpflanzungsorgan (Hemipenis), das in Ruhestellung in die Schwanzbasis zurückgezogen ist. Bei einer Paarung kommt nur einer der beiden Hemipenes (Singular: Hemipenis) zum Einsatz.

Abb. 7. Im natürlichen Lebensraum dürfte diese Farbform (»Snow«) eine sehr geringe Lebenserwartung haben. Foto: G. Köhler

Größe und Alter

Kornnattern wachsen wie alle Schlangen ihr Leben lang. Die Hauptwachstumsphase ist allerdings nach den ersten drei Jahren abgeschlossen. Die durchschnittliche Länge einer erwachsenen Kornnatter beträgt unter Terrarienbedingungen 100 bis 140 cm, Exemplare von über 150 cm stellen die Ausnahme dar. Als Maximalwert geben CONANT & COLLINS (1998) 182,9 cm und ERNST & BARBOUR (1989) 183 cm an; diese Werte werden durch die Angaben von SCHMIDT, W. (2004) und TRUTNAU (2002) – 189,2 cm – sogar noch übertroffen! Jungschlangen sind bei ihrem Schlupf zwischen 20 und 30 cm lang und wachsen bei guter Fütterung in den ersten drei Jahren auf 100 bis 120 cm. In der nachfolgenden Zeit wächst die Kornnatter nur noch kaum merklich. Das Größenwachstum der Tiere ist abhängig von den Haltungsbedingungen (Temperatur) und vor allem von der Ernährung. Bei sehr guter Fütterung und hohen Temperaturen wachsen sie schneller und werden oft auch größer als gleichaltrige Tiere bei niedrigeren Haltungstemperaturen und einer mäßigeren Fütterung. Eine übermäßige Futtergabe kann allerdings auf Kosten der Lebenserwartung und der Fortpflanzungsfähigkeit gehen.

Kornnattern werden im Terrarium in aller Regel älter als wildlebende Exemplare. Eine gesunde Kornnatter kann ohne weiteres zehn bis 15 Jahre alt werden. TRUTNAU (2002) gibt für die Kornnatter ein Höchstalter von 21 Jahren, RECKEL in seiner Herpetologischen Altersliste im Internet (Stand 1999) sogar 32 Jahre und drei Monate an.

Das Schuppenkleid

Wie die Echsen verfügen auch Schlangen über eine Haut, bei der die Schuppen wie Dachziegel überlappend angeordnet sind. Entgegen einem leider weit verbreiteten Irrglauben ist das Schuppenkleid der Reptilien nicht glitschig und kalt, sondern trocken und so warm wie die Umgebungstemperatur.

Abb. 8. Nahansicht der Schuppen einer Kornnatter (Bloodred). Man beachte die paarigen Schuppengrübchen. Foto: D. Bohle

Die Beschuppung der Schlangen ist nicht am ganzen Körper einheitlich (eine Ausnahme bilden einige Seeschlangen und Blindschlangenartige). So ist der Bauchbereich der Tiere durch vergrößerte Bauchschilde (Ventralia) stärker geschützt und an die Fortbewegung auf dem Boden und im Geäst angepasst.

Abb. 9. Bauchschilde einer normal gefärbten *Pantherophis guttatus*. Gut zu erkennen ist die schwarz-weiße Musterung.
Foto: P. Berg

Besonders in der Kopfbeschuppung unterscheiden sich einige Arten, ja ganze Familien, sehr deutlich. Wie fast alle Nattern, weist auch die Kornnatter auf der Kopfoberseite neun symetrische Schilde auf (vgl. Abb. 9). Seitlich am Kopf befinden sich oberhalb der Oberlippenschilde (Supralabialia) folgende Schuppen (von vorn nach hinten): Pränasale, Postnasale, Loreale und Präokulare; hinter dem Auge folgen dann noch die Postocularia sowie die Temporalia.

Genauere Beschreibungen der einzelnen Arten finden sich im Artenteil ab S. 126.

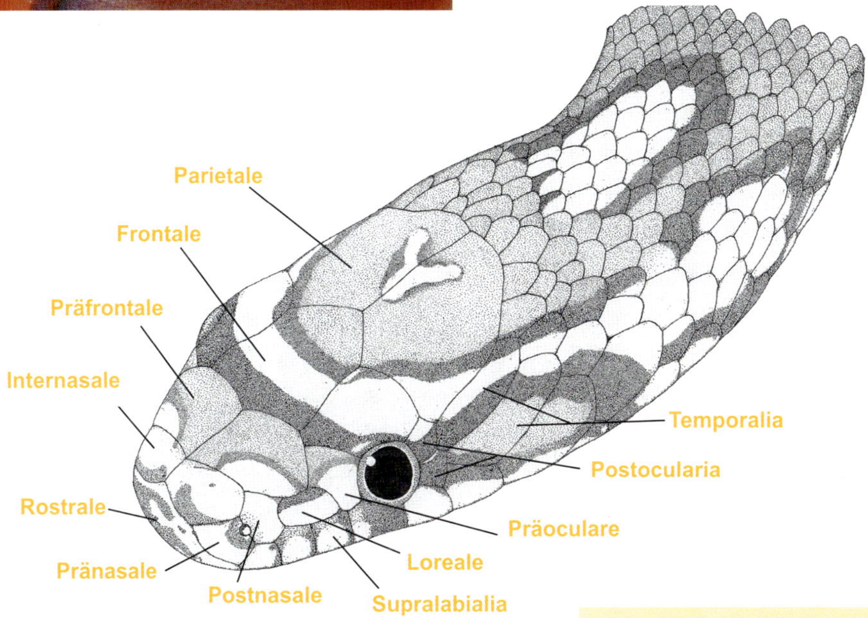

Abb. 10. Die Kopfbeschuppung der Kornnatter. Zeichnung: L. Acker

Abb. 11. *Pantherophis guttatus* kurz vor der Häutung. Man beachte das trübe Auge. Foto: G. Köhler

Die Häutung

Schlangen sind für ihre Häutung (Ecdysis) bekannt. Dies ist zwar nicht Zeichen ewigen Lebens im Sinne eines Jungbrunnens, dient aber unter anderem auch der Erneuerung der abgenutzten Schuppen und dem (kurzzeitigen) Befreien von Ektoparasiten. Die obere Epidermis besteht aus toter Hornschicht, die nicht mit der Schlange mitwächst und stattdessen regelmäßig durch eine neue ersetzt wird. Aufgrund des verstärkten Wachstums häuten sich Jungschlangen – abhängig von Nahrungsangebot und Haltungsbedingungen – in der Regel im Vier- bis Sechswochenrhythmus, adulte Kornnattern dagegen nur noch wenige Male im Jahr.

Die Häutungsphase nimmt einen Zeitraum von ein bis zwei Wochen in Anspruch und ist für den Schlangenpfleger anhand der Eintrübung von Augen (Brille) und Haut zu erkennen. Diese milchige, fast bläuliche Verfärbung wird durch eine Häutungsflüssigkeit verursacht, die zwischen die abzustoßende und die direkt darunter liegende neue Hautschicht fließt. Das milchige Aussehen der Kornnatter hält etwa 4–5 Tage an und wird durch eine zwei bis vier Tage dauernde Phase abgelöst, in der die Natter wieder »normal« ausschaut; die Häutungsflüssigkeit wurde wieder absorbiert.

Abb. 12. Bei diesem Jungtier sind neben der matteren Schuppenhaut vor allem die milchigen Augen als Anzeichen für eine bevorstehende Häutung deutlich zu erkennen. Foto: P. Berg

Die eigentliche Häutung nimmt nur einige Minuten in Anspruch. Zunächst reibt die Schlange ihre Schnauze so lange an Gegenständen (Steinen, Ästen, etc.), bis die Haut an den Ober- und Unterlippenschuppen aufplatzt. Anschließend streift sie die Haut vom Kopf nach hinten ab, wobei die Innenseite des sogenannten Natternhemdes nach außen gestülpt wird. Bei dem Häutungsvorgang werden neben den Augen auch die Hemipenes mitgehäutet. Die Haut von letzteren ist sehr dünn und nur in Ausnahmefällen zu erkennen (z.B. NIEBERGALL 2003).

Gesunde Schlangen streifen ihre alte Haut in einem Stück ab, zuweilen treten aber Häutungsfehler auf; allem voran Schwanzspitze und Brille werden manchmal nicht vollständig mitgehäutet. Aus diesem Grund sollte man Natternhemden auf ihre Vollständigkeit hin prüfen.

Abb. 13-15. Der Häutungsvorgang beginnt am Kopf.
Fotos: D. Bohle

Abb. 16. Die Haut wird normalerweise in einem Stück abgestreift. Foto: P. Berg

Schlangenhalter sollten kurz vor und während der Häutungsphase ihre Kornnattern keinesfalls unnötig stören, da deren Sinneswahrnehmungen durch die Trübung der Augen beeinträchtigt sind.

Abb. 17. Häutungshemd mit Sperma. Foto: P. Berg

Schlangen lassen sich nur schwer vermessen und so liegt es nahe, die Größe der Tiere anhand ihrer frisch abgestreiften Häute zu bestimmen. Während die Schuppen und Zwischenräume sich aber an der Schlange überlappen, ist dies bei den Natternhemden nicht der Fall, weshalb letztere auch länger als die Tiere selbst sind. Nach Untersuchungen von Dürr (2004) an Schlingnattern (n=2), Leopardnattern (n=3) und Kreuzottern (n=1, zwei Häutungen) sind die ungedehnten Natternhemden der adulten Schlangen im Durchschnitt 23% (16% bis 33%) länger als die Tiere. Die Differenz bei Jungschlangen, (n=1, drei Häutungen) war sogar noch größer (44% bis 45%). Hin und wieder lassen sich auch unerwartete Beobachtungen an den Natternhemden von Schlangen machen. So kann man gelegentlich in einer frisch abgestreiften Haut Kot finden, selten auch Sperma (Hallmen 2004, Berg in Vorb.).

Die Schlange stellt ihre Aktivität in dieser Zeit weitestgehend ein und zieht sich meist in einen Unterschlupf zurück. Fütterungen sind möglichst zu unterlassen, obgleich einige Nattern auch während der Häutung Nahrung annehmen. Futtergaben innerhalb der Häutungsphase können zu Häutungsschwierigkeiten führen.

Sinnesleistungen

Schlangen haben die unterschiedlichsten Lebensräume erobert, was von einem hohen Grad an Anpassung und Spezialisierung zeugt. Einen wichtigen Teil dieser Spezialisierung machen ihre Sinnesleistungen aus.

In Verbindung mit dem Wort Schlange denkt man nicht selten an die gespaltene Zunge. Diese ist ganz eng mit dem wichtigsten Sinn der Schlangen verknüpft: dem **Geruchssinn**. Schlangen züngeln mit geschlossenem Maul, durch eine Spalte im Oberkiefer, und nehmen dabei über ihre Zunge Geruchspartikel auf. Diese werden mit dem am Gaumendach liegenden Jacobsonschen Organ ausgewertet. Da die Schlangenzunge gegabelt ist und zwei Spitzen hat, ist es der Schlange möglich, sich mit den über die Zunge aufgenommenen Informationen (räumlich) zu orientieren. Die Tiere sind so in der Lage, ihr Umfeld auch bei völliger Dunkelheit deutlich wahrzunehmen, ähnlich, wie wir unseres – am Tag – mit den Augen. Die Nase spielt dabei für Schlangen nur eine untergeordnete Rolle.

Aktive Kornnattern züngeln häufig. Schlangen »riechen« beim Züngeln sowohl Beutetiere als auch Fressfeinde und Geschlechtspartner.

Abb. 18-19. Diese Kornnattern erkunden züngelnd die Umgebung (Farbform »Sulfur«) Foto: D. Bohle

Kornnattern züngeln vor allem während der Fütterung (beim eigentlichen Schlingakt nicht) oder dann, wenn sich jemand vor dem Terrarium bewegt, bzw. wenn sie herausgenommen werden.

Abb. 20. *Pantherophis guttatus* (»Bloodred«).
Foto: D. Bohle

Der **Sehsinn** ist bei den verschiedenen Schlangen unterschiedlich gut ausgeprägt und von deren Lebensweise abhängig. Während Blindschlangenartige (Scolecophidia) vermutlich lediglich hell und dunkel unterscheiden können, sehen die meisten Schlangen, wie auch die Kornnatter, bewegte Objekte relativ gut.

Kornnattern sind trotz der seitlich am Kopf positionierten Augen zu einem binokularen Sehen und somit dem Einschätzen von Entfernungen in der Lage (SCHMIDT, W. 2004). Sie können auch auf eine kurze Distanz, maximal das Fünffache der eigenen Körperlänge, scharf sehen. Der starre Blick, der Schlangen nachgesagt wird, lässt sich durch den Aufbau ihrer Augen erklären. Schlangen besitzen keine beweglichen Lider, statt dessen schützt eine durchsichtige Schuppe (»Brille«) die Augen vor Verletzungen und Austrocknung.

Der **Hörsinn** ist bei Schlangen unterentwickelt – sie sind weitgehend taub. Außenohr, Trommelfell und Gehörgang sind bei dieser Tiergruppe nicht angelegt. Allerdings verfügen Schlangen über ein gut ausgebildetes Innenohr, mit dem sie (Boden-)Vibrationen wahrnehmen.

Abb. 21. Kopfportrait einer *Pantherophis emoryi*. Foto: G. Köhler

Verhalten

Generell sind Kornnattern ruhige und friedliche Schlangen. Sie werden zwar als dämmerungs- und nachaktive Tiere beschrieben, sind im Terrarium aber oft auch tagsüber zu bewundern. Während Jungschlangen sehr viel Zeit versteckt in ihrem Unterschlupf verbringen und nur selten im Terrarium zu sehen sind, können adulte Exemplare häufiger außerhalb ihrer Verstecke beobachtet werden. Sie verbringen zuweilen auch viel Zeit damit, sich an einer geeigneten Stelle zu sonnen.

Insgesamt ist die Kornnatter keine so aktive und agile Schlange, wie zum Beispiel Strumpfbandnattern (*Thamnophis*), und kann nicht ständig »auf Achse« beobachtet werden. Dafür sind Kornnattern sehr friedfertige Tiere, wie im Kapitel »Der Umgang mit Kornnattern« (ab S. 24) erläutert wird.

Abb. 23. Kornnattern sind in der Lage, auch senkrecht stehende Bäume zu erklettern.
Foto: D. Bohle

Abb. 22. Kornnattern sind friedliche und ruhige Schlangen. Foto: P. Berg

Als Kletternattern sind Kornnattern in der Lage, Bäume zu erklimmen. Dabei reichen ihnen selbst bei senkrechten Flächen kleinere Unebenheiten, an denen sie mit ihren Bauchschilden Halt finden. Auf Bäumen werden nicht selten Vögel erbeutet bzw. deren Nester geplündert.

Es ist nicht ungewöhnlich, dass die stressanfälligen und nervösen Schlüpflinge und Jungnattern ein natürliches Abwehrverhalten an den Tag legen. Fühlt sich eine junge Kornnatter bedrängt, nimmt sie die sogenannte »S-Stellung« ein. Dabei hat die gebogene Haltung von Hals und Vorderkörper Ähnlichkeit mit einem »S« und ermöglicht somit ein blitzartiges Vorschnellen, um Abwehrbisse auszuführen. Diese dienen dazu, einen potentiellen Feind abzuschrecken und sind bei größeren Kornnattern lediglich etwas unangenehm, keinesfalls gefährlich. Die Einnahme dieser Haltung bedeutet aber nicht, dass das Tier auch wirklich zubeißt. Die »S-Stellung« kann auch beim Beutefangen beobachtet werden.

Ein weiteres Abwehrverhalten von Kornnattern besteht in dem Vibrieren mit der Schwanzspitze, was bei einem aus trockenen Blättern bestehenden Bodengrund gut zu hören ist.

Sehr selten entleeren verängstigte Tiere beim Ergreifen auch ihre Analdrüsen (s. a. S. 24). Eingewöhnte größere Kornnattern zeigen bei »normalem« Umgang solches Abwehrverhalten nur in wenigen Ausnahmefällen.

Auf die Verhaltensweisen im Zusammenhang mit der Ernährung sowie der Fortpflanzung wird in den jeweiligen Kapiteln eingegangen.

Abb. 24-25. Diese adulte Kornnatter ("Cube Motley") zeigt ihre eindrucksvollen Drohreaktionen. Foto: D. Bohle

Der Umgang mit Kornnattern

Was das »auf die Hand nehmen« von Kornnattern betrifft, gehen die Meinungen weit auseinander. Eine Gruppe von Schlangenhaltern vertritt die Meinung, dass Schlangen prinzipiell ins Terrarium gehören und – mit Ausnahme von regelmäßigen Kontrollen der Tiere und dem Umsetzen – nicht aus dem Terrarium genommen werden sollen. Diese Ansicht hat ihre Berechtigung, schließlich sind Schlangen keine Kuscheltiere und nicht mit Haustieren wie Hund oder Katze zu vergleichen. Aber es gibt auch einen Mittelweg. Kornnattern gehören zu den anpassungsfähigsten und robustesten Schlangenarten überhaupt und lassen sich sehr gut handhaben. Von wenigen individuellen Ausnahmen abgesehen, gewöhnen sich die meisten Kornnattern an Menschen und die Handhabung durch diese. Sie bewegen sich nur gemächlich auf den Händen oder Armen des Halters und werden regelrecht »zahm«.

Abb. 26. Amelanistischer Kornnatterschlüpfling beim “Angstkoten”. Foto: P. Berg

Befinden sich Kornnattern in Stresssituationen, zum Beispiel nach dem Einzug in ein neues Terrarium, sollten jegliche Störungen vermieden werden. Ebenfalls sollte eine Kornnatter nicht unnötig gestört werden, wenn sie gerade gefressen hat, sich in der Häutungsphase befindet oder krank ist.

Nimmt man eine Schlange aus dem Terrarium, müssen alle Bewegungen möglichst ruhig und langsam ausgeführt werden. Beim Ergreifen der Tiere ist darauf zu achten, dass man ihnen immer ausreichenden Halt bietet. Jungschlangen kriechen und klettern über die Hände und Unterarme. Leicht gespreizte Finger ermöglichen ihnen, dabei noch mehr Halt zu finden. Semiadulte und adulte Kornnattern sollten immer mit zwei Stellen ihres Körpers diesen Halt finden.

Schlüpflinge sind zuweilen aggressiv und beißen in die Finger des Schlangenhalters, wenn dieser sie aus dem Terrarium nehmen möchte. Sie sollten in den ersten Wochen nach dem Schlupf ohnehin in Ruhe gelassen werden, bis sie problemlos Nahrung aufnehmen. Die winzigen Zähnchen von Jungschlangen sind für den Menschen harmlos, es besteht also kein Grund zur Sorge vor einem Biss durch eine solche Jungschlange. Bewegt man langsam die flache Hand auf sie zu, haben sie mit ihrem kleinen Maul keinerlei Angriffsfläche und unterlassen in der Regel das Zuschnappen. Nun legt man die flache Hand sachte auf das Tier und nimmt es vorsichtig und langsam aus dem Becken. Jungschlangen legen ihre anfängliche Aggressivität meist nach und nach ab; nur sehr wenige Tiere bleiben bissig.

Mit aggressiven adulten Kornnattern sollte ebenfalls so umgegangen werden. Eine vorgehaltene flache Hand bietet ihnen fast keine Angriffsfläche. Sehr ängstliche, flüchtende Tiere sind manchmal nicht leicht aus dem Terrarium zu holen und sollten nur in Ausnahmesituationen (z.B. Reinigung des Beckens) herausgenommen werden. Die Tiere »schießen« durch das Becken und lassen erst gar nicht die flache Hand auflegen. Hier erspart man dem Tier viel Stress, wenn es ohne langes Zögern durch schnelles Zugreifen aus dem Terrarium gefangen wird.

Abb. 27. Jungschlangen sind zuweilen etwas aggressiver als die Adulttiere. Foto: P. Berg

Ein regelmäßiges Handling, beispielsweise zweimal in der Woche, schadet einer gesunden Kornnatter nicht. Sie gewöhnt sich regelrecht daran, was eine weitere Verminderung des davon ausgehenden Stresses für das Tier bedeutet.

Zu bedenken ist auch, dass der Umgang mit Kornnattern ein gewisses Maß an Eigenhygiene erfordert. Deshalb ist zu empfehlen, nach jeglichem Kontakt mit der Schlange bzw. dem Terrarium umgehend die Hände zu waschen

Abb. 28. Nimmt man die Kornnatter aus dem Terrarium, müssen alle Bewegungen ruhig ausgeführt werden. Foto: P. Berg

Hinweise zum Erwerb

Der Erwerb einer Schlange, wie übrigens eines jeden Haustieres, sollte gut durchdacht sein. Eine Kornnatter stellt gewisse Anforderungen an ihre Haltung und somit an Sie, liebe Leserin/ lieber Leser, wenn sie sich eine Kornnatter zulegen möchten oder schon zugelegt haben. Diesen Anforderungen gilt es gerecht zu werden. Der erste wichtige Schritt ist dabei das Aneignen von Wissen über das Tier, seine Ansprüche und natürlich darüber, wie diese befriedigt werden können. Indem Sie dieses Buch lesen, erarbeiten Sie sich bereits einen wichtigen Grundstock für die erfolgreiche Pflege von Kornnattern.

Abb. 29. Junge Kornnattern (wildfarben) mit mehreren Monaten Altersunterschied.
Foto: P. Berg

Abb. 30. Zum Verkauf angebotene verschiedenfarbige Züchtungen in einem Zoogeschäft.
Foto: P. Berg

Im Weiteren muss geklärt werden, ob Sie den Anforderungen der Schlange gerecht werden können. Dazu zählen vor allem die Punkte Terrarium und Ernährung (siehe jeweiliges Kapitel). Hierbei sollte die nicht geringe Lebenserwartung einer Kornnatter bedacht werden – sie kann fünf Generationen von Goldhamstern überleben.

Eventuell gilt es auch zu klären, ob Familienmitglieder oder Mitbewohner etwas gegen die Schlangenhaltung einzuwenden haben. Vorurteile und falsche Vorstellungen gegenüber der Haltung von Kornnattern können in einigen Fällen durch ruhige und sachliche Gespräche ausgeräumt werden. Ein zuweilen wichtiger Aspekt, der für die Haltung von Kornnattern spricht und auf den später auch noch umfangreich eingegangen wird, betrifft ihre Ernährung. Kornnattern lassen sich problemlos mit toten Futtertieren versorgen. Ob zwischen eingefrorenem Grillfleisch nun auch ein paar Frostmäuse, gut in einer Plastiktüte oder -box verpackt, lagern, bereitet abgeklärten Hausfrauen und -männern meist keinerlei Kopfzerbrechen.

Zudem geht von der Kornnatter praktisch keine Geruchsbelästigung aus, sie nimmt lange nicht so viel Zeit für ihre Pflege in Anspruch, wie andere Haustiere und zudem schaut sie auch noch sehr attraktiv aus.

Abb. 31. Amelanistischer Kornnatterschlüpfling im Alter von wenigen Wochen. Foto: P. Berg

Jungschlange oder älteres Tier?

Eine Frage, die den Neuling auf dem Gebiet der Schlangenhaltung oft beschäftigt, betrifft Alter und Größe der ersten Kornnatter. Die Sorge bei dem Erwerb von Jungschlangen besteht darin, die Tiere könnten das Fressen verweigern. Bei gesunden, adulten (geschlechtsreifen) Kornnattern kann man sich eigentlich immer sicher sein, dass sie auch einen guten Appetit an den Tag legen. Bei der Haltung einer Jungschlange kann man andererseits beobachten, wie diese zu einer adulten Schlange heranwächst. Man lernt die Schlange kennen und sie und ihr Verhalten einzuschätzen. Das ist ein wirklich erfahrenswertes Erlebnis.

Erwirbt man eine futterfeste Jungschlange, stellt deren Ernährung auch kein Problem dar. Dass leider nicht alle als »futterfest« verkauften Schlangen auch wirklich futterfest sind, zeigt die Erfahrung. Aus diesem Grund sollte man sich genau überlegen, wo man eine Schlange kauft. Außerdem ist es oft möglich und ratsam, sich direkt vor Ort davon zu überzeugen, dass die junge Kornnatter tatsächlich problemlos frisst.

Es muss auch darauf hingewiesen werden, dass Jungschlangen anfällig für den Stress eines Transportes sind und selbst eigentlich futterfeste Exemplare dies mit Futterverweigerung quittieren können.

Eine Alternative stellt der Erwerb einer halbwüchsigen (semiadulten) Kornnatter dar. Diese Tiere sind in aller Regel futterfest und man kann ihre Entwicklung bis zum erwachsenen Tier verfolgen.

Einzelhaltung oder Vergesellschaftung?

Die Haltung und Pflege einer Kornnatter ist unbestritten sehr interessant und dennoch – oder vielleicht gerade deshalb – kommt schnell der Wunsch auf, weitere dieser interessanten und schönen Schlangen zu pflegen. Die gemeinschaftliche Haltung von mehreren Kornnattern stellt kein großes Problem dar. Beachtet werden muss allerdings, dass die Haltung von Tieren verschiedener Geschlechter nahezu zwangsläufig zur Vermehrung führt. Werden mehrere Männchen gemeinsam gehalten, sind während der Paarungszeit Kommentkämpfe möglich (siehe auch Kapitel »Paarung«, S. 78). Eine Vergesellschaftung von Weibchen ist völlig problemlos, wenn die Terrariengröße der Anzahl der Schlangen angepasst und die Kontrolle der Tiere gewährleistet ist.

Anfänger in der Schlangenhaltung, die nicht gleich züchten wollen, sollten zunächst ein einzelnes Tier erwerben. Will man mit der Zucht von Kornnattern beginnen, empfiehlt es sich, ein Männchen und ein Weibchen im Alter von ca. 2–3 Jahren zusammenzusetzen. Man sollte vermeiden, ein sehr junges Weibchen – Kornnattern werden manchmal schon im Alter von neun Monaten geschlechtsreif – zur Zucht zu bringen, da dies zu Problemen führen könnte (s. Kapitel »Geschlechts- und Zuchtreife«, S. 74).

Der Körpergröße der einzelnen Tiere kommt bei der Gemeinschaftshaltung eine große Bedeutung zu. Zwar sind Kornnattern nicht kannibalisch veranlagt, aber es kann zu »Übergriffen« während der Fütterung kommen (vgl. Ippoliti 1980).

Abb. 32. Es ist möglich, mehrere Kornnattern in einem geräumigen Terrarium zu halten.
Foto: D. Bohle

Abb. 33. Zwei Kornnattern auf ihrem Lieblingsplatz im Terrarium. Foto: P. Berg

Eine junge Kornnatter wäre bei Gemeinschaftshaltung vermutlich bald im Magen eines adulten Artgenossen verschwunden. Natürlich könnte dieser Gefahr durch getrennte Fütterung vorgebeugt werden (siehe auch »Die Fütterung«, S. 59). Dennoch ist eine kleine Kornnatter einem enormen Stress ausgesetzt, wenn noch eine Schlange im Terrarium unterwegs ist, die ein Vielfaches ihres Körpergewichtes aufweist und sie schlichtweg erdrücken könnte.

Der Haltung von mehreren Kornnattern steht, wenn man einige Grundsätze beachtet, also nichts im Wege. Die Sorge, eine einzeln gehaltene Kornnatter würde sich einsam fühlen, ist jedoch völlig unbegründet. Schlangen sind Einzelgänger mit einem weit weniger ausgeprägten Sozialverhalten, als das beispielsweise viele Echsenarten an den Tag legen. Zwar liegen gemeinsam gehaltene Kornnattern oft zusammen; das liegt aber einfach daran, dass mehrere Tiere den derzeit optimalen Platz im Terrarium aufsuchen.

Wie sieht es nun aber mit der Vergesellschaftung von Kornnattern mit anderen Schlangenarten aus? Prinzipiell ist von solchen Vergesellschaftungen abzuraten. Tiere aus unterschiedlichen Lebensräumen und mit entsprechend verschiedenen Haltungsanforderungen sollten auf keinen Fall gemeinsam in einem Terrarium gehalten werden. Ebenso dürfen Kornnattern natürlich nicht mit ophiophagen (schlangenfressenden) Tieren, wie Königsnattern (Gattung *Lampropeltis*), vergesellschaftet werden.

Schmidt, W. (2004) empfiehlt, im Falle einer Vergesellschaftung mit anderen Schlangen, auf Arten entsprechender Größe aus der gleichen Gattung zurückzugreifen. Dabei muss aber eine Verbastardisierung der Arten ausgeschlossen werden (vgl. Broer 1978), eine Haltung von Tieren unterschiedlichen Geschlechts ist also zu unterlassen. Dies gilt auch für die drei Kornnatterarten untereinander. Ist dies (z.B. aus Platzgründen) nicht möglich, ist auf die Haltung weiterer Arten zu verzichten.

Hinweise zum Kauf von Kornnattern

Mit dem Aufschwung der Terraristik findet man immer häufiger Kornnattern in Tierhandlungen und in den Zooabteilungen größerer Geschäfte. Außerdem gibt es vermehrt Zoofachgeschäfte, die sich auf die Gebiete Aquaristik und Terraristik spezialisiert haben. Leider gibt es bei diesen Anbietern auch immer wieder »schwarze Schafe«, die sich durch mangelndes Wissen und entsprechend schlechte Beratung auszeichnen. Die Tiere werden dort oft auch unter bedenklichen bis hin zu miserablen Bedingungen gehalten. Sollten Sie auf ein solches Zoogeschäft stoßen, sind Sie gut beraten, die Finger von den Tieren zu lassen, auch wenn diese mitunter unglaublich mitleiderregend aussehen. Nicht selten sind »Mitleidskäufe« krank und verweigern die angebotene Nahrung. Die Tierarztrechnungen erhöhen den Anschaffungspreis noch um einiges. Außerdem müssen Sie sich vor Augen führen, dass Sie mit dem Kauf die dortigen Zustände unterstützen. In besonders drastischen Fällen kann man erwägen, das zuständige Veterinäramt einzuschalten.

Die Mehrzahl der auf Terraristik spezialisierten Zoofachgeschäfte bieten hingegen eine kompetente Beratung, regelmäßig Futtertiere und gesunde Reptilien. Hier spricht nichts gegen den Erwerb einer Schlange.

Mit dem Aufwärtstrend der Terraristik gehen sogenannte Reptilienbörsen einher, die mehr oder weniger regelmäßig

Abb. 34. Gesunde Kornnatternachzuchten (wildfarben und amelanistisch). Foto: P. Berg

in größeren Städten stattfinden. Dort werden neben viel Zubehör, Futtertieren, Fachliteratur auch viele Terrarienbewohner angeboten, von verschiedenen Insekten und Spinnentieren bis hin zu Amphibien und Reptilien. Kornnattern finden sich auf Börsen oft als Jungtiere in vielen Farbformen und zu unterschiedlichen Preisen. Das Angebot ist auf diesen Börsen erstaunlich groß, und deshalb entsteht oft auch der Drang, das eine oder andere schöne Exemplar mit nach Hause zu nehmen. Dabei müssen aber zwei Punkte bedacht werden.

Zuhause muss bereits vor dem Kauf ein bezugfertiges Terrarium, mindestens aber eine artgerechte Unterbringungsmöglichkeit, zur Verfügung stehen.

Dabei handelt es sich am besten um das Quarantäneterrarium (vgl. S. 51). Der zweite Aspekt betrifft die

Abb. 35. Nachzuchttiere bei einem privaten Züchter. Foto: P. Berg

Verfassung der auf der Börse ausgestellten Tiere. Es lässt sich nicht vermeiden, dass diese durch den Transport vor und nach der Börse, so wie auf dieser selbst, einem enormen Stress ausgesetzt sind. Außerdem hat man keine Garantie, dass Jungschlangen auch wirklich futterfest sind. Aus diesem Grund sollte es selbstverständlich sein, dass man sich die Personalien des Verkäufers geben lässt.

Der beste Weg, an eine Kornnatter zu gelangen, ist der zum Züchter. Hier hat man in der Regel jemanden vor sich, der langjährige Erfahrungen mit der Haltung, Pflege und auch Vermehrung von Kornnattern hat. Man kann sich die Haltungsbedingungen vor Ort anschauen. Unter welchen Bedingungen werden die Schlangen gehalten? Was und wie oft bekommen die Tiere zu fressen? Eventuell kann man sich auch davon überzeugen, dass die Natter problemlos frisst. Dann ist es aber ratsam, sie erst zu einem späteren Zeitpunkt in ihr neues Heim zu transportieren, da sie die aufgenommene Nahrung sonst möglicherweise gleich wieder erbricht. Vielleicht ergibt sich bei einem Züchter auch die Gelegenheit, die Futtergabe unter Anleitung des Fachmannes an einer (anderen) Schlange zu üben.

Selbstverständlich wird der Verkäufer, wenn er etwas auf sich hält, für anfallende Fragen zur Verfügung stehen und weiterhelfen. In Kontakt zu Kornnatterzüchtern kommt man beispielsweise über die Deutsche Gesellschaft für Herpetologie und Terrarienkunde e.V. (DGHT) oder auch über das Internet und auf Börsen.

Auswahlkriterien beim Kauf einer Kornnatter

- Die Tiere sollten in sauberen und artgerechten Terrarien untergebracht sein.
- Jungschlangen müssen futterfest sein, also bereits mehrfach selbstständig und problemlos Babymäuse gefressen haben.
- Verhält sich die Kornnatter im Terrarium arttypisch? Ein gestrecktes Daliegen, apathisches oder unkoordiniertes Verhalten wären ungute Zeichen.
- Beim Herausnehmen muss das Tier aufgeregt züngeln. Reagiert es ängstlich oder auch aggressiv, ist das normal. Allerdings werden selbst sehr aggressive Exemplare auf der Hand schnell ruhiger. Auf keinen Fall darf die Kornnatter schlaff in der Hand hängen.
- Auf offene Wunden, die sich entzünden könnten, ist zu achten. Ältere, bereits verheilte Verletzungen, die die Schlange nicht beeinträchtigen, sind dagegen nicht unbedingt ein Kaufhindernis.
- Alte Häutungsreste und Außenparasiten sind ebenfalls zu beachten. Sie deuten auf einen schlechten Allgemeinzustand der Natter hin.
- Das Maul muss geschlossen sein, die Atmung geräuschlos, die Kloake geschlossen und sauber.
- Ernährungszustand: die Schlange darf weder abgemagert (Rippen zu fühlen oder gar sichtbar, Körperflanken eingefallen) noch verfettet sein.

Abb. 36. Zum normalen Verhalten gehört das Erkunden der Umgebung Foto: P. Berg

Abb. 37. Eine gesunde Kornnatter liegt nie völlig ausgestreckt da.
Foto: D. Bohle

Außerdem sollten folgende Fragen geklärt werden:

- ✓ Wenn bekannt, das Geschlecht der Kornnatter.
- ✓ Wie wurde bisher gefüttert? Tote oder lebende Futtertiere?
- ✓ Wann war die letzte Fütterung und wie weit liegt die letzte Häutung zurück?
- ✓ Wurde eine Winterruhe durchgeführt und wenn ja wie?
- ✓ Frühere Erkrankungen und medikamentöse Behandlungen?
- ✓ Anderweitige Besonderheiten?

Abb. 39. Beim Herausnehmen züngelt die Kornnatter normalerweise. Foto: P. Berg

Abb. 38. Es ist wichtig, beim Kauf auf ein geschlossenes Maul und ein Schuppenkleid ohne Parasiten zu achten. Foto: D. Bohle

Der Transport

Beim Transport einer Kornnatter sind drei Aspekte besonders zu beachten: Temperatur, Belüftung und Stress. Da Schlangen wechselwarme Tiere sind, können sie nicht wie wir ihre Körpertemperatur aufrecht erhalten; stattdessen sind Schlangen abhängig von der Umgebungstemperatur. Aus diesem Grund darf eine Schlange keinen extremen Temperaturen ausgesetzt werden. Sie muss wärme- beziehungsweise kältegeschützt transportiert werden, wenn die Außentemperaturen nicht konstant in einem für die Schlange annehmbaren Bereich liegen.

Der Transport bedeutet aufgrund von Bewegungen und Erschütterungen Stress für die Kornnatter, den man auf ein Minimum reduzieren muss. Als Transportbehälter eignen sich je nach Größe der Schlange Heimchenboxen, Faunaboxen oder andere gleichwertige Behälter.

Bewährt hat sich vor allem der Transport in Stoffbeuteln, die gepolstert in einer Kühltasche (ohne Kühlelemente) oder einer Styroporkiste untergebracht sind. Der Beutel muss »schlangensicher« sein und beim Zuknoten darf natürlich unter keinen Umständen die Natter mit eingeknotet werden! Bei einem längeren Transport kann dem Tier durch Öffnen des Behälters Frischluft zugeführt werden. Im Winter ist eine Wärmflasche oder ein Heizkissen ratsam. Allerdings muss mit einem Thermometer kontrolliert werden, dass es bei der Schlange im Beutel nicht zu warm wird.

Die Vorteile dieser Art des Transportes liegen auf der Hand: es gibt keine Temperaturschwankungen und der Transport im Dunklen minimiert den Stress für das Tier. Ein Behälter, in dem sich eine Schlange befindet, sollte selbstverständlich auf keinen Fall mehr als nötig bewegt werden.

Eine neue Schlange sollte immer ein Quarantänestadium durchlaufen (vgl. S. 51). Vorhandene Parasiten sind zu bekämpfen (siehe Kapitel »Krankheiten bei Kornnattern«, S. 121f). Eine Kotprobe verschafft Klarheit über den Innenparasitenstatus des Tieres. Selbst für gut aussehende Schlangen von einem zuverlässigen Züchter kann es keine Garantie geben, dass sie auch wirklich gesund sind. Durch den Transport und den damit einhergehenden Stress für das Tier, wird das Immunsystem der Schlange belastet und sie kann erkranken. Zwar sind solche Vorfälle die Ausnahme, sie kommen aber vor.

Das Terrarium

Das Terrarium muss als Wohnstätte der Kornnatter deren Bedürfnisse befriedigen. Vor allem Größe, Einrichtung und Klima des Terrariums bestimmen die Lebensqualität der Terrarienbewohner. Kornnattern haben den Ruf, recht anspruchslose Schlangen zu sein und deshalb unter einfachen Bedingungen untergebracht und gehalten werden zu können. In der Tat ist die Kornnatter eine sehr anpassungsfähige Schlange, die sich sogar unter einfachsten Bedingungen vermehrt.

Im Handel finden sich sowohl Standardterrarien als auch Extraanfertigungen, die auf die Wünsche des Käufers zugeschnitten werden. Neben Glas und Holz kommen auch verschiedene Kunststoffe als Material in Frage. Während es sich bei den im Handel erhältlichen Becken in erster Linie um Glasterrarien handelt, greifen Terrarianer, die ihre Becken selbst bauen, vor allem auf Holz zurück. Jedes Material hat seine Vor- und Nachteile. Glasbecken lassen sich ebenso wie Plastikterrarien sehr gut säubern. Holz isoliert hingegen deutlich besser als Glas, ist leichter zu bearbeiten und im Einkauf günstiger. Auch Styropor weist die von Holz genannten Vorzüge auf und ist deutlich leichter als dieses, allerdings auf Kosten der Stabilität.

Abb. 40. Geräumiges und attraktiv eingerichtetes Terrarium für Kornnattern. Foto: G. Köhler

Abb. 41. Im Terrarium muss die Schlange verschiedene Klimabereiche aufsuchen können. Foto: P. Berg

Der **Standort** eines Kornnatterterrariums bedarf einiger Überlegungen. Starke Temperaturschwankungen und Zugluft sind ebenso wie ein sehr starker Publikumsverkehr ungünstig. Direkte Sonneneinstrahlung kann im Sommer schnell zu einer Überhitzung des Beckens und zum Tod der Tiere führen (s. Kapitel »Beheizung«, S. 39).

Laute Musik ist für Schlangen aufgrund von Vibrationen störend. Es sollte selbstverständlich sein, dass die Schlangen keinem Zigarettenrauch ausgesetzt sind.

Abb. 42. Selbstgebautes Terrarium für Kornnattern. Foto: P. Berg

Terrariengröße

Auch wenn Kornnattern eine Länge von über einem Meter erreichen, braucht man zur Unterbringung nicht zwangsläufig ein Terrarium, in dem sich die Schlange ganz ausstrecken kann. Eine gesunde Schlange liegt eigentlich nie lang ausgestreckt im Terrarium. Sie wird sich statt dessen zusammenrollen und somit, vor allem für den ungeübten Betrachter, auch um einiges kleiner erscheinen, als sie tatsächlich ist.

Dennoch bietet ein großes, gut strukturiertes Terrarium den Nattern mehr Bewegungsfreiheit und je nach Bedarf die Möglichkeit, verschiedene Klimabereiche (von feucht-kühl bis trocken-warm) aufzusuchen, was sehr wichtig ist.

Nach den »Mindestanforderungen an die Haltung von Reptilien« (Bundesministerium für Ernährung, Landwirtschaft und Forsten 1997) soll ein Terrarium für ein Pärchen Kornnattern eine Größe von 1,0 x 0,5 x 1,0 (Länge x Tiefe x Höhe) multipliziert mit der Gesamtlänge (GL), also von Kopf- bis Schwanzspitze, des größten Tieres betragen. Für jedes weitere Tier sind zusätzliche 20% des Terrarienvolumens hinzu zu rechnen.

Für drei Kornnattern von 120 cm Länge würde das zunächst ein Terrarium von 120 x 60 x 120 cm, zuzüglich 20% des Terrarienvolumens, also ein 120 x 60 x 140 cm großes Becken bedeuten. Die Terrarien von Jungschlangen (»Aufzucht«, siehe Seite 93) und Übergangsbehälter (z.B. für die Winterruhe) können von diesen Angaben abweichen.

Für ein Paar adulter Kornnattern empfehlen wir ein Terrarium mit einer Länge von 100 cm, einer Höhe von 80 bis 100 cm und einer Tiefe von 60 cm. Wird einer dieser Werte unterschritten, sollten die anderen dies möglichst kompensieren. Da jeder einzelne Wert das Terrarienvolumen mitbestimmt, ist es durchaus möglich, auch ein Becken von nur 60 cm Länge zu konstruieren, wenn dafür die Höhe und Tiefe entsprechend größer gewählt werden, also zum Beispiel 60 cm Tiefe und 140 cm Höhe. Für die Haltung von nur einer Kornnatter gelten die gleichen Richtwerte wie für zwei Tiere.

Bei der gewerblichen Rackhaltung von Kornnattern, wie sie in den USA bei Züchtern verbreitet ist, wird die von diesen Richtwerten (s. Kasten) geforderte Terrariengröße meist nicht erreicht. Love & Love (2000) geben als Mindestgröße für eine adulte Kornnatter einen Behälter von 30 x 76 x 30 cm Größe an. Diese lassen sich in Regalsystemen unterbringen, was wiederum die Haltung von vielen Tieren ohne großen Platzaufwand ermöglicht. Die Einrichtung der Behälter ist mit Bodensubstrat, einem Trinkgefäß und einem Versteckplatz einfach gehalten.

Aus unserer Sicht ist nicht die Haltung und Zucht von besonders vielen Kornnattern das erstrebenswerte Ziel der Schlangenhaltung, sondern vielmehr die Möglichkeit, die verschiedenen Lebensäußerungen der Tiere in ausreichend großen Terrarien beobachten zu können. Dabei lassen sich interessante Erfahrungen und Informationen sammeln, die unser Wissen um diese Schlange ergänzen.

Abb. 43. Rackhaltung in der Aufzuchtstation der amerikanischen Züchterin Kathy Love. Foto: K. Love/CornUtopia/www.cornutopia.com

Prinzipiell gilt für Terrarien adulter Kornnattern »je größer, desto besser«, mit der Einschränkung, dass die Kontrolle der Tiere immer gewährleistet sein muss. Für Jungschlangen trifft dies allerdings nicht zu. Das Terrarium sollte möglichst mit der Natter immer weiter »wachsen«. Dazu aber beim Thema »Aufzucht« mehr (vgl. S. 93).

Schließlich stellen große und mit viel Liebe eingerichtete Becken auch eine wahre Zierde dar.

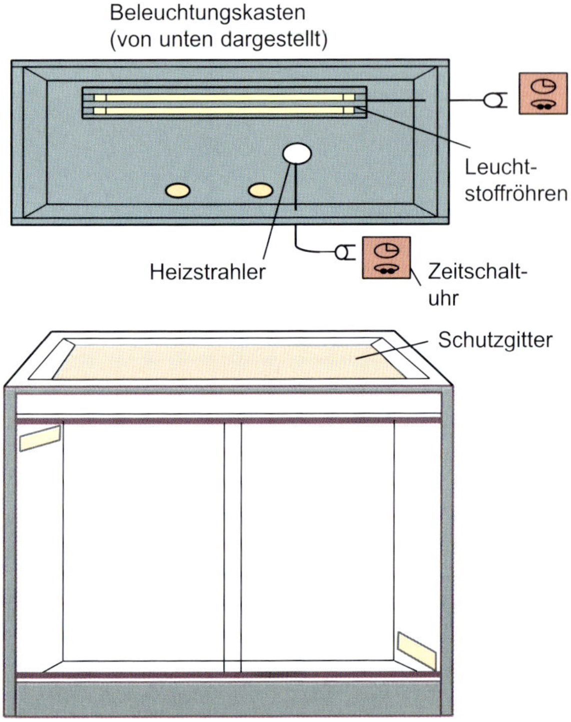

Abb. 44. Mögliche Grundkonstruktion eines Kornnatternterrariums mit Beleuchtungskasten. Zeichnung verändert nach Weier & Vitt 2003.

Beleuchtung

Die Beleuchtung eines Terrariums muss einen deutlichen Tag-Nacht-Rhythmus erzeugen. Es reicht also nicht aus, das Terrarium in der Nähe eines Fensters aufzustellen oder anzunehmen, die normale Ausleuchtung des Raumes, in dem das Becken steht, würde dafür ausreichen.

Mit Hilfe von Zeitschaltuhren lässt sich die tägliche Beleuchtungsdauer leicht einstellen (eventuell mit Dämmerungsphase), so dass ein manuelles Ein- bzw. Ausschalten der Lampen überflüssig wird.

Bewährt hat sich die Kombination von Leuchtstoffröhre und Heizstrahler, da dies auch eine getrennte Steuerung von Beleuchtung und Beheizung ermöglicht. Kornnattern benötigen keine Bestrahlung mit UV-Licht; aus diesem Grund sind »normale« Leuchtstoffröhren völlig ausreichend.

Die Beleuchtungsdauer ist von der Jahreszeit abhängig; schließlich soll dem Tier auch im künstlichen Lebensraum Terrarium ein möglichst natürlicher Jahreszeitenverlauf geboten werden.

Während die **Beleuchtungszeit** im Sommer 14 bis 16 Stunden beträgt, verkürzt sie sich im Frühjahr und Herbst auf acht bis zehn Stunden. Abhängig davon, ob eine Winterruhe stattfindet oder nicht, wird die Beleuchtung in den Wintermonaten entweder auf sechs bis acht Stunden reduziert oder zeitweise auch völlig ausgeschaltet (siehe Kapitel "Winterruhe", ab S. 75).

Abb. 45. Kornnatter auf ihrem Sonnenplatz im Terrarium. Foto: P. Berg

Beheizung

Schlangen sind wechselwarme (poikilotherme) Tiere. Das bedeutet, sie können nicht wie Säugetiere oder Vögel ihre Körpertemperatur selbständig aufrecht erhalten, sondern sind von der Umgebungstemperatur abhängig. Einfach ausgedrückt: bei niedrigen Temperaturen sind die Schlangen kühl, bei höheren Temperaturen warm. Dennoch versuchen auch Schlangen, ihre Körpertemperatur während der Aktivitätsperiode in einem bestimmten Bereich zu halten. Dies wird mit Hilfe der sogenannten Thermoregulation erreicht: um auf „Betriebstemperatur" zu bleiben, begeben sich die Tiere an warme Orte, um sich aufzuwärmen und ziehen sich in kältere Bereiche zurück, um sich abzukühlen.

Daraus folgt, dass wir den Tieren im Terrarium wärmere und kühlere Plätze, also ein Temperaturgefälle anbieten müssen: unterschiedliche Temperaturzonen, von sehr warm (direkt unter dem Strahler als Sonnenplatz) bis kühl (in dem am weitesten vom Strahler entfernten Versteck). Dies ist leicht zu realisieren, indem nur ein Bereich des Terrariums erwärmt wird.

Tagsüber sollten die **Lufttemperaturen** im Kornnatterterrarium 24°C bis 28°C betragen. Unter einem Strahler, also einem Sonnenplatz, sollten die Werte 32°C bis 35°C erreichen. Nachts sollen die Temperaturen auf 22°C bis 20°C sinken.

In den Sommermonaten können diese Werte aufgrund der Außentemperaturen auch ein bis zwei Grad höher und im Frühjahr und Herbst etwas niedriger liegen. Was die Haltungstemperaturen im Winter betrifft, sei auf das Kapitel Winterruhe verwiesen.

Bei Terrarien, die einer direkten Sonneneinstrahlung ausgesetzt sind, besteht die Gefahr einer Überhitzung. Gegebenenfalls müssen Schutzmaßnahmen getroffen werden.

Die Beheizung von Kornnatterterrarien sollte bevorzugt mit Heizlampen erfolgen. Eine Bodenheizung (Heizkabel, Heizmatte) ist zwar auch möglich, hat aber den Nachteil, dass die Wärme von unten kommt und somit einen unnatürlichen Wärmegradienten erzeugt.

Bei Heizlampen, die ihre Wärme von oben abstrahlen, entsteht automatisch ein natürliches Temperaturgefälle zum Boden hin. Wird eine Bodenheizung verwendet, sucht die Schlange den Boden auf, um sich zu wärmen und muss sich in höhere Bereiche des Terrariums zurückziehen, wenn es ihr zu warm wird. Die Verwendung von Bodenheizungen kann auch eine Ursache von Häutungsproblemen sein.

Abhängig vom Standort des Terrariums, dessen Isolierung und den dort herrschenden Temperaturverhältnissen kann die (zeitweilige) Zuschaltung einer Bodenheizung erforderlich sein. Dann ist darauf zu achten, dass diese nur eine gewisse Grundtemperatur im Terrarium gewährleistet und ein Temperaturgefälle weitestgehend bestehen bleibt. Bei Verwendung von Bodenheizungen sollte auf eine Isolierung nach unten geachtet werden, um unnötige Wärmeverluste zu vermeiden. Auch sollte man im Auge behalten, dass Nagetiere die Schutzummantelung von Heizkabeln (und anderen Stromkabeln) anfressen können, was

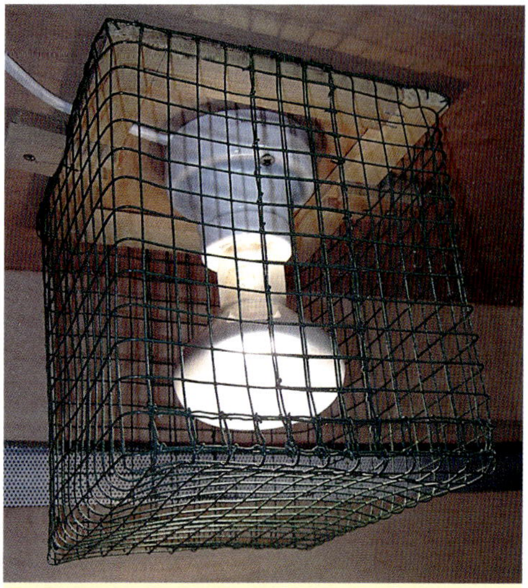

Abb. 46. Selbstgebauter Schutzkorb für einen Strahler. Foto: P. Berg

für Tiere und Pfleger gefährlich werden kann. Über die Platzierung der Heizquelle kann man die Luftfeuchtigkeit im Terrarium beeinflussen: bringt man sie über oder unter feuchtem Bodensubstrat oder dem Wasserbecken an, steigt die Luftfeuchtigkeit; werden trockene Bodenpartien erwärmt, sinkt sie.

Heizquellen dürfen auf keinen Fall eine Gefahr für die Terrarienbewohner darstellen. Im Terrarium angebrachte Strahler müssen also für die Schlangen unzugänglich sein. Eine Möglichkeit sind Schutzkörbe, die vereinzelt in Fachgeschäften beziehungsweise auf Reptilienbörsen zu erwerben sind oder auch ohne großen Aufwand selbst gebaut werden können: aus Holzleisten wird ein Rahmen gebastelt, der den Strahler umfasst und anschließend wird ein Gitter an diesem Rahmen befestigt. Die Maschenweite richtet sich nach dem Kopf der Schlange; schließlich darf dieser auf keinen Fall durch das Gitter passen. Das Gitter kann an dem Holzrahmen festgetackert werden, der Holzrahmen wird, den Strahler umschließend, an die Decke des Terrariums geschraubt bzw. geklebt. Das Wechseln der Lampe und damit die Abnahme des Korbes muss aber nach wie vor möglich sein und kann beim Ankleben (in Glasterrarien) durch einen zweiten Holzrahmen ermöglicht werden: Ersterer wird an die Terrariendecke geklebt, der Zweite, direkt mit dem Korb verbundene, kann nun mit dem anderen (Holz)rahmen verschraubt werden.

Glasterrarien können auch von außen beheizt (und beleuchtet) werden. Dabei muss natürlich beachtet werden, dass das Glas durch die Hitze zerspringen kann. Eine dritte Möglichkeit zur Sicherung der Heizquelle stellt ein Lichtkasten dar, der auf das Terrarium aufgesetzt, und durch ein Gitter von diesem abgetrennt wird. Dies hat, wie auch die Beleuchtung von Außen, den Vorteil, dass der Halter problemlos an die Technik kommt, ohne im Terrarium hantieren zu müssen.

Unter keinen Umständen darf eine Schlange in den Lichtkasten oder den Schutzkorb gelangen können. Die für sie gedachte Sicherheitsvorkehrung würde sich dann als tödliche Falle für das Tier erweisen.

Lüftung und Feuchtigkeit

Im Terrarium darf weder Stauluft noch Durchzug herrschen. Es hat sich bewährt, eine von zwei Lüftungen ein Stück über dem Boden, die andere an einer weiteren, am besten der angrenzenden Wand, oben anzubringen (siehe Zeichnung). Eine diagonal angeordnete Lüftung, also an gegenüberliegenden Wänden, kann Zugluft zur Folge haben, was unbedingt zu vermeiden ist. Eine relativ trockene Haltung beugt der Vermehrung von Bakterien und Pilzen im Terrarium vor und wird von den Kornnattern gut vertragen. Staunässe ist unbedingt zu vermeiden!

Ein teilweise leicht feuchtes Bodensubstrat genügt, um eine günstige relative **Luftfeuchtigkeit** von 50-60% (tagsüber) bzw. 60-70% (nachts) zu erreichen. Hierzu reicht ein unregelmäßiges Besprühen von einem Teil des Terrariums aus. Die Kornnattern selbst werden nicht besprüht.

Abb. 47. Skizze eines Terrariums. Farbig hervorgehoben: Lage der Lüftungsgitter, schraffiert: Rückwand, z.B. Naturkork.

Abb. 48. Auch im Bereich der Lüftungsgitter muss das Terrarium vollkommen ausbruchssicher konstruiert werden. Foto: P. Berg

Einrichtung

Bei der Einrichtung des Schlangenterrariums sind der Kreativität des Schlangenhalters fast keine Grenzen gesetzt. Dabei muss aber beachtet werden, dass die Grundbedürfnisse der Tiere befriedigt werden und dass keine Stress- und Gefahrenquellen entstehen. Zur Standardeinrichtung eines Kornnatterterrariums gehören ein Wassergefäß, Bodengrund, Verstecke und Kletteräste. Äste und Steine müssen so befestigt sein, dass sie die

Abb. 49. Zur Standardeinrichtung gehört eine Wasserschale, die immer mit sauberem Trinkwasser gefüllt ist. Foto: P. Berg

Abb. 50. Kornnattern baden nur in Ausnahmefällen. Foto: P. Berg

Abb. 51. Eine schwere Wasserschale ist zweckmäßig, da sie nicht so leicht umgeschüttet werden kann. Foto: G. Köhler

Schlangen nicht einquetschen können. Kornnattern bewegen ohne weiteres auch leichtere Verstecke aus Rinde oder das Wassergefäß, wenn sie sich durch Spalten zwängen oder versuchen, unter Einrichtungsgegenstände zu gelangen.

Vorsicht! Unbefestigte Äste können umgeworfen, Steinbauten zum Einsturz gebracht werden.

Die Größe des Wasserbeckens richtet sich nach der Größe der Schlange. Da Kornnattern nur in Ausnahmefällen baden, muss die Schlange nicht unbedingt vollständig in das Wasserbecken passen. Dieses dient lediglich als Wasserquelle, um den Flüssigkeitsbedarf der Tiere zu stillen.

Abb. 52. Einrichtungsgegenstände, wie Äste oder Steine müssen gut verankert sein. Foto: G. Köhler

Der **Bodengrund** ist eine viel und teilweise kontrovers diskutierte Thematik. Die verschiedenen Materialien, die als Bodensubstrat in Frage kommen, haben alle ihre Vor- und Nachteile. Um sich ein Bild davon machen zu können, was sich aus welchem Grund als Boden eignet und was weniger, muss man sich fragen, welche Anforderungen an den Bodengrund im Kornnatterterrarium gestellt werden:

- Die Hygieneanforderungen müssen erfüllt sein.
- Die Ausscheidungen sollen gleich erkannt und leicht zu entfernen sein.
- Der ästhetische Aspekt für den Betrachter soll erfüllt werden.
- Von dem Substrat darf kein Gesundheitsrisiko für die Schlange ausgehen (z.B. zu staubhaltig).

Abb. 54. Junge Kornnattern wühlen gerne in leicht feuchtem Bodengrund. Foto: P. Berg

Kornnattern wühlen, wenn die Möglichkeit besteht, auch im Bodengrund; Jungschlangen verstecken sich dort zuweilen auch. Ungeeignet sind staubhaltige Substrate, da diese den Atemwegen der Schlangen schaden. Problematisch sind natürlich auch Materialien, die bei der Nahrungsaufnahme, an der Beute haftend, mit verschluckt werden und zu Verstopfungen führen können (siehe auch Kapitel „Die Fütterung“, S. 59).

Abb. 53. Küchenpapier ist als Bodengrund sehr zweckmäßig, kann aber nur für Quarantäneterrarien empfohlen werden. Foto: G. Köhler

Zeitungs- bzw. Küchenpapier und Kunstrasen sind sehr hygienisch. Kot wird leicht erkannt, das Material kann schnell und ohne großen Kostenaufwand erneuert bzw. gereinigt werden. Vor allem wegen des wenig attraktiven Aussehens empfehlen wir diese Art von Bodengrund nur für Quarantäneterrarien. Torf und Rindenmulch sind im trockenen Zustand zu staubig für das Terrarium.

Abb. 55. Mit einer Schicht Laub wirkt der Bodengrund sehr natürlich. Foto: P. Berg

Im Handel erhältliche Kokosziegel lassen sich in Wasser aufquellen und anschließend gut als Bodengrund für Kornnatterterrarien verwenden. Da das Substrat sehr gut Wasser speichert und anfangs sehr feucht ist, wird es am besten mit den Händen „ausgedrückt" und dann ins Terrarium getan. Mangelnder Luftaustausch kann allerdings zur Schimmelbildung führen.

Frisches oder auch trockenes Moos aus dem Wald ist ein schönes und praktisches Bodensubstrat. Es sieht gut aus und ist sehr saugfähig – mit Harn und Kot verunreinigte Stellen können leicht entfernt und mit frischem Moos aufgefüllt werden.

Das von uns favorisierte **Bodensubstrat** besteht aus einem Erde-Sand-Gemisch mit einer Schicht Laub (kann im Wald, nicht unbedingt nahe einer Straße, oder unter mit Pestiziden besprühten Bäumen gesammelt und getrocknet werden). Es macht sich im Terrarium zusätzlich zur Erde sehr gut. Wenn eine Schlange am Boden über die trockenen Blätter kriecht, ist dies auch (deutlich) zu hören.

Der Bodengrund wird in einer mehrere Zentimeter dicken Schicht aufgetragen, damit die Kornnattern sich bei Bedarf auch eingraben können. Vor allem trächtige Weibchen wühlen gerne im leicht feuchten Bodengrund. (siehe Kapitel "Trächtigkeit und Eiablage", ab S. 82).

Felsen – echte oder Nachbildungen – können in ein Kornnatterterrarium integriert werden. **Naturfelsen** sind optisch sehr schön und speichern auch Strahlungswärme (z.B. vom Heizstrahler) sehr gut. Aufgrund ihres hohen Gewichts sollte man darauf achten, dass die Grundplatte des Terrariums stark genug ist; bei Glasterrarien ist eine Unterlage aus Hartschaum oder Styropor unbedingt zu empfehlen; diese gleicht kleine Unebenheiten aus. Der Felsaufbau sollte direkt auf der Grundplatte aufliegen; ansonsten würde die Gefahr bestehen, dass Nattern, die unter die Steine gelangen, von diesen erdrückt werden. Man sollte zunächst einen Anordnungsplan für den Steinaufbau festlegen und skizzieren. Nach diesem Plan werden die Steine dann eingebracht. Es hat sich bewährt, jeweils zwei bis drei Steine zu Elementen zu verbinden (mit Kleber oder Mörtel); diese Elemente sollten leicht entnehmbar und kontrollierbar sein.

Kornnattern sind sehr kletterfreudig und nehmen gerne Liegeflächen in unterschiedlichen Höhen an.

Rück- und auch Seitenwände der Terrarien lassen sich auf unterschiedlichste Weisen gestalten. Aus Styropor, Fliesenkleber und Farbe können künstliche Felswände mit ausreichend großen Liegeflächen gestaltet werden. Die künstlichen Felsen, die auch sehr natürlich aussehen können, besitzen ein wesentlich geringeres Gewicht und sind genauso wie Naturfelsen leicht zu reinigen.

Die Grundstruktur einer künstlichen Felswand wird aus Styropor geschaffen, welches mit einem erhitzten Messer (oder Flamme) leicht bearbeitet werden kann. Danach wird die gesamte Styroporoberfläche mit Zement-Haftputz, dem eine Farbmischung (z.B. Trockenfarbe, Zement-Farbe „goldocker“) beigefügt wird, verputzt und mit einem nassen Pinsel entsprechend modelliert. Hierbei muss darauf geachtet werden, dass keine scharfen Kanten entstehen. Damit die Felswand kratzfest und abwaschbar wird, erhält sie einen Anstrich mit farblosem Epoxidharz. Noch im feuchten Zustand wird das Harz mit gesiebtem Sand beworfen, wodurch die „Felsen“ Sandsteincharakter erhalten. Das Sieben des Sandes ist wichtig, damit die Oberfläche schließlich nur wie feines Schmirgelpapier wirkt und keine messerscharfen Vorsprünge aufweist. Das Resultat dieser etwas mühevollen Konstruktion sind „Felsen“, die ganz individuell gestaltet und dabei dauerhaft kratzfest sowie leicht abwaschbar und desinfizierbar sind.

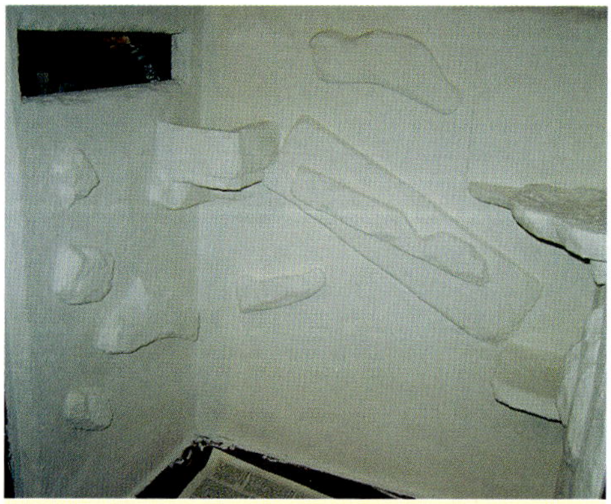

Abb. 56. Bauphasen eines Kornnatterterrariums. Fotos: P. Berg

Abb. 57. Korkröhren eigenen sich gut als Versteckplätze. Dieses Foto zeigt eine Kornnatter kurz nach der Fütterung.
Foto: P. Berg

Naturkork lässt sich mit Silikon an die Wände kleben, schafft den Kornnattern Liegeflächen und Klettermöglichkeiten und sieht zudem auch noch sehr gut aus. Es ist unbedingt darauf zu achten, dass alle Einrichtungsmaterialien gesundheitlich unbedenklich sind und dass die Tiere nicht unkontrollierbar hinter Rückwänden verschwinden können. Auch die als Futter in das Terrarium eingebrachten Nagetiere dürfen den Materialien nichts anhaben können.

Verschiedene **Verstecke** bieten der Kornnatter Rückzugsmöglichkeiten und somit Sicherheitsgefühl. Kann sich eine Schlange nicht in ein sicheres Versteck zurückziehen, ist sie permanentem Stress ausgesetzt und quittiert dies möglicherweise mit Futterverweigerung und gesundheitlichen Problemen.

Ein entscheidendes Kriterium für ein Versteck ist dessen Größe. Verstecke können verständlicherweise zu klein, aber auch zu groß sein.

Eine Schlange sollte in ihrem Versteck Kontakt zu dessen Wänden haben. In Frage kommen sowohl Korkrinden aus dem Handel, als auch Rindenstücke aus dem Wald. Diese können ebenso wie Kletteräste im Backofen oder auch durch Abbrühen mit kochendem Wasser desinfiziert werden, was aber aus unserer Sicht nicht unbedingt nötig ist.

Die Gefahr, mit Laub, Rinde oder Ästen aus dem Wald Parasiten oder andere Krankheitserreger einzuschleppen, ist nicht sehr hoch. Dafür leben in unseren Wäldern zu wenige Schlangen, die als Wirte dieser Parasiten dienen könnten. Wer auf der sicheren Seite sein möchte, kann die oben erwähnten Möglichkeiten der Desinfektion nutzen.

Abb. 58. Versteckmöglichkeit aus dem Zoofachhandel. Foto: G. Köhler

Umgedrehte Blumentöpfe bzw. -untersetzer entsprechender Größe, aus denen ein Stück als Eingang herausgebrochen wurde, werden auch sehr gerne als Versteck genutzt und sind zudem leicht zu kontrollieren.

Abb. 59. Äste sollten einen angemessenen Durchmesser haben. Foto: P. Berg

Größere **Klletteräste** sind stabil im Terrarium unterzubringen. Während sie in Glasterrarien verkantet oder mit Silikon befestigt werden müssen, lassen sich in Holzterrarien die Äste durch Schrauben in den Wänden relativ einfach und für die Schlange gefahrlos verankern. Klettermöglichkeiten werden von Kornnattern vor allem dann genutzt, wenn sich auch in höheren Lagen geeignete Verstecke und Rückzugsmöglichkeiten befinden. Stabile Kletteräste sollten für Jungschlangen etwa fingerdick sein und in

Abb. 60. Knorrige Wurzeln eignen sich gut als Einrichtungselement. Foto: P. Berg

Terrarien von adulten Kornnattern einen Durchmesser von über drei Zentimetern haben.

Sehr attraktiv sind alte, knorrige Wurzeln. Insbesondere raue Gegenstände – Wurzeln, Äste und Steine – sind den Nattern eine unentbehrliche Hilfe, wenn sie sich zu häuten beginnen.

Will man das Einbringen von Asseln, Schnecken und anderen Wirbellosen vermeiden, sollte man die aus der Natur entnommenen Einrichtungsgegenstände zunächst gründlich mit Wasser reinigen und trocknen lassen. Da sich diese Mitbewohner meist im Terrarium ohnehin nicht lange halten, ist diesen Maßnahmen aber auch nicht zu große Bedeutung beizumessen.

Abb. 61. Ein gut strukturiertes Terrarium bietet zahlreiche Klettermöglichkeiten. Foto: P. Berg

Echte **Pflanzen** verleihen Terrarien ein natürliches Aussehen, kommen der Luftfeuchte zu Gute und verschaffen den Terrarieninsassen Sichtschutz und somit Sicherheit.

Während sich die Terrarien von Jungschlangen sehr gut bepflanzen lassen, haben echte Pflanzen in den Terrarien von adulten Kornnattern kein leichtes Leben. Kornnattern kriechen über die Pflanzen und legen sich auf sie und setzen ihnen so durch ihr Gewicht zu. Auch versuchen die Schlangen zuweilen, sich unter den Pflanzen einzugraben und hebeln diese dann aus. Vor allem trächtigen Weibchen scheint die Versteckmöglichkeit unter dem Wurzelballen einer Pflanze sehr zuzusagen.

Sollen echte Pflanzen das Kornnatterterrarium bereichern, müssen diese nicht nur nach den Haltungsbedingungen ausgewählt werden, sie müssen auch robust sein, damit ihre Anwesenheit im Terrarium von Dauer ist. Gute Erfahrungen liegen uns beispielsweise mit Efeu und Efeutute (*Scindapsus*) vor, wenn diese regelmä-

Abb. 62. Pflanzen bieten Sichtschutz, so dass die Schlange weniger Stress ausgesetzt ist. Foto: P. Berg

Abb. 63. Blumentöpfe werden meist gerne als Ruheplatz angenommen. Foto: P. Berg

ßig gegossen werden. Generell sollten alle Pflanzen in Töpfen eingebracht werden, um ein komplettes Durchfeuchten des Bodensubstrates zu vermeiden. Es ist nicht sinnvoll, frisch umgetopfte Pflanzen in das Terrarium zu stellen, da die lockere Erde zum Wühlen einlädt.

Vorsicht ist bei neu gekauften Pflanzen geboten, da Pflanzenschutzmittel und Dünger den Kornnattern schaden können. Es bietet sich an, solche Pflanzen längere Zeit außerhalb des Terrariums stehen zu lassen und sie mehrfach mit Wasser abzuspülen. Auf Pflanzen, von denen eine potentielle Verletzungsgefahr (Stacheln) für die Schlangen ausgeht, sollte verzichtet werden.

Mittlerweile besteht ein umfangreiches Angebot an künstlichen Pflanzen im Handel. Diese sehen auch nicht schlecht aus und bieten den Terrarieninsassen ebenfalls Sichtschutz. Außerdem haben sie neben ihrer Robustheit den Vorteil, dass sie leicht gereinigt werden können und ansonsten keiner Pflege bedürfen. Dennoch bevorzugen wir die Bepflanzung mit echten Pflanzen, da diese auch das Terrarienklima positiv beeinflussen.

Wartung des Terrariums

Die Kornnatter ist eine sehr pflegeleichte Schlange, deren Haltung mit verhältnismäßig wenig Aufwand verbunden ist.

Kot und Häute sind immer umgehend zu entfernen. Da Kornnattern praktisch nie baden und das Wasser in aller Regel nicht verschmutzen, reicht es aus, wenn das Wasserbecken zweimal wöchentlich gesäubert wird. Wird in das Wasser gekotet oder es anderweitig verunreinigt, ist es natürlich umgehend zu wechseln.

Abhängig von der Luftfeuchte sollte hin und wieder ein Teil des Terrariums mit Wasser besprüht werden. Falls lebende Pflanzen im Terrarium untergebracht sind, müssen diese selbstverständlich regelmäßig gegossen werden. Eine Generalreinigung des Terrariums ist aber im Idealfall nur ein- bis zweimal im Jahr fällig.

Quarantäneterrarium

In einem Quarantäneterrarium werden kranke Schlangen sowie Neuzugänge gehalten, bis diese wieder in Ordnung sind beziehungsweise bis bei Neuzugängen sicher ist, dass sie gesund sind. Quarantäne für erkrankte Schlangen ist leicht nachvollziehbar. Sie können in Einzelhaltung keine anderen Schlangen infizieren und in aller Ruhe genesen. Außerdem ist ein Quarantäneterrarium so eingerichtet, dass es ohne viel Aufwand gesäubert werden kann und sich eine erkrankte Schlange nicht immer wieder über mit dem Kot ausgeschiedene Krankheitserreger selbst ansteckt (Reinfektion). Neuzugänge können vollkommen gesund aussehen und einen fitten Eindruck machen, was aber nicht zwangsläufig bedeutet, dass sie auch wirklich völlig gesund sind. Wird ein neues Tier gleich mit anderen Schlangen vergesellschaftet und erst dann in Quarantäne gesetzt, wenn es sichtbare Zeichen für eine Erkrankung gibt, können bereits alle Tiere, die mit diesem Tier Kontakt hatten, infiziert sein. Auch wenn man seine erste Kornnatter erwirbt, empfiehlt es sich, dieses Tier zunächst in ein einfach und zweckmäßig eingerichtetes Quarantäneterrarium zu setzen und nicht gleich in ein voll dekoriertes Becken. Im Falle einer Erkrankung hat man sonst einen ungleich größeren Aufwand mit der Desinfektion und gegebenenfalls nötigen Entsorgung der Einrichtungsgegenstände.

In einem Quarantäneterrarium müssen bezüglich Luftfeuchtigkeit/ Temperatur und Lüftung optimale Haltungsbedingungen für die Kornnatter herrschen. Nur wenn sich die Körpertemperatur der Schlange im Optimalbereich befindet, kann das Tier seine Abwehrkräfte voll entfalten.

Das Quarantänebecken zeichnet sich durch seine hygienische Einrichtung aus: ein einfach auszuwechselnder Bodengrund, auf dem Ausscheidungen leicht zu erkennen sind, beispielsweise Zeitungspapier oder Küchenrolle; eine kleine Wasserschale, die leicht zu säubern und nicht teuer in der Anschaffung ist (abhängig von der Größe der Schlange zum Beispiel der Deckel eines Honig- oder Marmeladenglases und leere Eispackungen oder Plastikuntersetzer); eine Versteckmöglichkeit, die wie auch alle anderen Einrichtungsgegenstände leicht zu säubern beziehungsweise auch zu entsorgen ist (halbierte Küchenpapierrolle, ein umgedrehter Blumentopf mit Loch, etc.).

Während der Quarantäne müssen Kotproben der Natter parasitologisch untersucht werden (Adressen S. 139).

Abb. 64. Einrichtung des Quarantäneterrariums (man kann noch einen Kletterast hinzufügen). Foto: P. Berg

Abb. 65. Schiebescheiben sind immer zu schließen und am besten zusätzlich mit einem Terrarienschloss zu sichern.
Foto: P. Berg

Sicherheit des Terrariums

Kornnattern sind wahre Ausbruchskünstler und finden durch noch so kleine Öffnungen einen Weg aus dem Terrarium. Auf keinen Fall darf es daher im Terrarium solche Stellen geben. Auch Behälter, in denen die Schlangen nur für kurze Zeit untergebracht werden (z.B. Futterbox), müssen absolut „schlangensicher" sein. Adulte Kornnattern haben eine enorme Kraft und drücken auch nur einen Spalt weit offen stehende (Schiebe-Front-) Scheiben auf. Terrarienschlösser können dem abhelfen und haben zudem „Erinnerungswert", dass die Scheiben auch wirklich geschlossen sind. Unter keinen Umständen sollten die Scheiben geöffnet bleiben, wenn der Schlangenhalter das Terrarium nicht beaufsichtigt. Selbst der kurze Weg in das Nachbarzimmer zum Waschbecken kann sich als zu lang erweisen.

Während man die Kraft von erwachsenen Kornnattern noch relativ gut einschätzen kann, wenn es um Ausbruchsmöglichkeiten geht, ist das bei **Jungschlangen**, vor allem wegen ihrer geringen Größe um einiges schwerer. Schon der Spalt zwischen den Frontscheiben des Terrariums kann für Schlüpflinge der Weg „in die Freiheit" sein. Dieser kann beispielsweise durch Pappe oder ähnliches Material „schlangendicht" gemacht werden. Auch aus Heimchenboxen haben sich Jungschlangen schon befreit. Aus diesem Grund werden bei uns Heimchenboxen, in denen Jungschlangen fressen, entweder in einen größeren und ausbruchssicheren Behälter gestellt oder mit einem Buch oder Ähnlichem beschwert.

Schlüpflinge sind außerdem in der Lage, an feuchten Glasscheiben empor zu klettern (eigene Beobachtungen). Die Terrarienabdeckungen von Aufzuchtbecken müssen demnach immer sicher schließen.

Trotz aller Aufmerksamkeit kann es passieren, dass eine Schlange entweicht. Es gibt kaum Schlangenhalter, die nicht von dem ein oder anderen Erlebnis mit einer ausgebrochenen Schlange berichten können. Ist der erste Schreck überstanden, gilt es, die Schlange wieder zu finden.

Tipps zum Wiederauffinden entwichener Schlangen

- Wir empfehlen, das Zimmer, in dem das Kornnatterterrarium steht, „schlangensicher" zu machen. Dann muss im Ernstfall nicht das gesamte Haus nach der Schlange abgesucht werden, denn die Tiere sind ohne Weiteres in der Lage, Treppen zu bewältigen.
- Es ist hilfreich, sich gedanklich in die Schlange zu versetzen. Die Schlange sucht meist möglichst nahe gelegene Versteckmöglichkeiten auf, die dunkel, eng und im Idealfall auch warm sind.
- Sie kann sich unter und in Schränken verkrochen haben, hinter oder in einem Heizkörper oder unter auf dem Boden liegenden Kleidern, Decken oder Ähnlichem. Das gezielte Anbieten von geeigneten Versteckmöglichkeiten ist auch sehr nützlich.
- Streut man eine “Mehlabgrenzung” zwischen Schlangenzimmer und Flur so wird das Einkreisen des Aufenthaltsgebietes der „Flüchtigen" mittels „Mehlspuren" viel einfacher.
- Erfolgversprechend ist die Suche vor allem nachts mit Taschenlampe.

Außergewöhnlich ist der Fall einer wenige Monate alten Kornnatternachzucht, die im November ausgebrochen und nicht wiederzufinden war, bis sie im April des darauf folgenden Jahres in einer Zimmerpflanze lag, um sich zu sonnen. Das Tier hatte die Wintermonate bei Zimmertemperatur verbracht und war zwar für sein Alter sehr klein, aber nicht abgemagert (NESHEIM, pers. Mitlg. 2005). Möglicherweise hat die Jungschlange auf diverse Wirbellose (Spinnen) als Nahrung zurückgegriffen, kleine Vertebraten standen nicht zur Verfügung.

Freilandhaltung

Es sei noch kurz die mögliche Freilandhaltung von Kornnattern erwähnt. Vor allem mit nordamerikanischen Wassernattern der Gattungen *Thamnophis* und *Nerodia* sowie heimischen Schlangen, insbesondere der Gattung *Natrix*, liegen sehr gute Erfahrungen in Bezug auf die ganzjährige Haltung in Freilandterrarien vor (vgl. HALLMEN 2003). Der gleiche Autor berichtet, dass sich Kornnattern im Sommer sehr gut im Freilandterrarium pflegen lassen; er beschreibt sie als ebenso robust wie im Zimmerterrarium. Berichte über die ganzjährige Freilandhaltung liegen ihm aber nicht vor.

Im Reptilienzoo Happ in Klagenfurt (Österreich) werden die wärmere Jahreszeit über Kornnattern gemeinsam mit Amurnattern (*Elaphe schrenkii*), Vierstreifennattern (*Elaphe quatuorlineata*) und Erdnattern (*Pantherophis obsoletus*) im Freilandterrarium gepflegt (HAPP, pers. Mitlg. 2005): in Abhängigkeit von den klimatischen Bedingungen eines Jahres bedeutet das einen Zeitraum von bis zu fünf oder sechs Monaten. Die gesamte Zeit über haben die Tiere die Möglichkeit, einen etwa ein Quadratmeter großen, mittels Bodenheizung erwärmten Bereich aufzusuchen. In den Morgen- und Abendstunden können sie oft beim „Sonnen-

Abb. 66. Schön eingerichtete Freilandanlage für die Außenhaltung von Kornnattern während der Sommermonate im Reptilienzoo Happp. Foto: H. Happ

tanken" beobachtet werden. Die tagsüber meist aufgesuchten Versteckmöglichkeiten sind weitgehend so angelegt, dass die Schlangen dort ebenfalls zu sehen sind, die Tiere sich aber dennoch sicher fühlen können. Gefüttert werden die Schlangen mit toten Mäusen, die sie gut annehmen.

Aufgrund des großen Verbreitungsgebietes der Kornnattern ist es der klimatischen Bedingungen wegen (vor allem dem Winter) ratsam, nur solche Tiere für eine (ganzjährige) Freilandhaltung in Betracht zu ziehen, die auf eine ursprüngliche Herkunft aus nördlichen bzw. hohen und kühleren Gebieten des Verbreitungsgebietes zurückgehen (HALLMEN, pers. Mitlg. 2005). Die von HAPP (pers. Mitlg. 2005) gehaltenen Exemplare können keiner solchen Herkunft zugeordnet werden, mit der Überwinterung der Kornnattern im Freien liegen hier aber auch keine Erfahrungen vor.

Die Pflege von Kornnattern in Freilandterrarien stellt sicherlich eine interessante Ergänzung zur Zimmerhaltung, mit neuen Einblicken in die Verhaltensweisen der Tiere dar. Man darf gespannt sein, wie sich diese Art der Schlangenhaltung in den nächsten Jahren entwickelt.

Die Ernährung

Beutespektrum und Wahl der Futtertiere

Neben den Haltungsbedingungen (Terrarium, Temperatur, Luftfeuchtigkeit) stellt die Ernährung den zweiten wichtigen Aspekt bei der Terrarienhaltung der Kornnatter dar. Die Nahrungspalette, die Schlangen in der freien Natur zur Verfügung steht, ist meistens sehr breit gefächert. In der Natur werden Amphibien, andere Reptilien, Vögel und deren Eier sowie kleinere Säugetiere gefressen (HAMILTON & POLLACK 1956, RIGGS 1961, LOVE 1978, ROSSI 1992). Während adulte Kornnattern sich weitestgehend von Letzteren ernähren, verspeisen Jungschlangen Beutetiere passender Größe und dazu zählen vor allem die zuerst genannten Tiergruppen. Das Fressen von Wirbellosen scheint eine Ausnahme zu sein.

Abb. 67. In der Hauptsache werden Mäuse jeglichen Alters verfüttert. Foto: P. Berg

Im Terrarium kann der Kornnatter diese Vielfalt an Beute nicht geboten werden, was aber nicht weiter problematisch ist. Lediglich Jungschlangen (vgl. Kapitel „Aufzucht“, ab S. 93) und Wildfänge (wobei diese bei der Terrarienhaltung eigentlich keine Rolle mehr spielen) verweigern manchmal die angebotene Nahrung. Das Hauptfutter für im Terrarium gehaltene Kornnattern stellen Mäuse passender Größe dar, die entweder in Fachgeschäften oder bei Züchtern erworben bzw. selbst gezüchtet werden können. Alternativ können auch (bis mittelgroße) Ratten, Hamster und Hühnerküken verfüttert werden. Allerdings ist der Kot der mit Küken gefütterten Schlangen etwas flüssiger und geruchsintensiver als bei Mäusefütterung. Manche Kornnatterhalter bieten ihren Tieren als Abwechslung auch hin und wieder Eier an. Kornnattern sind nicht auf solche Nahrung spezialisiert und verfügen daher nicht, wie Eierschlangen (*Dasypeltis*), über zahnähnliche Fortsätze an den vorderen Halswirbeln, mit denen die Eier geöffnet und die Schale gleich wieder ausgewürgt wird. Statt dessen zerbrechen sie die Eier durch Muskelkraft (starke Windungen des Körpers) und scheiden die Schale mit dem Kot aus. LOVE & LOVE (2000) wissen von positiven Erfahrungen mit speziellen Schlangenwürstchen (tiefgefrorenes „Dosenfutter“ für Schlangen aus den USA) zu berichten.

Die **Futtertiergröße** richtet sich natürlich nach der Größe der Schlange. Schlangenhalter unterteilen Mäuse folgendermaßen: nestjunge, nackte Babymäuse („Pinkies“), leicht behaarte Babymäuse („Speckies“), behaarte Jungmäuse („Springer“) und (ausgewachsene) Mäuse. Auch innerhalb dieser Unterteilung gibt es natürlich kleinere Größenschwankungen.

Kornnatterschlüpflinge werden mit nestjungen Babymäusen ernährt. Bei gut fressenden Jungschlangen kann man nach etwa zwei Monaten bereits auf leicht behaarte Babymäuse, ab einer Länge von gut 50 cm auf die sogenannten Springer umsteigen. Mit einer Gesamtlänge von etwa 70 cm sind die Tiere dann in der Lage, auch kleinere Exemplare der „großen Mäuse“ zu fressen.

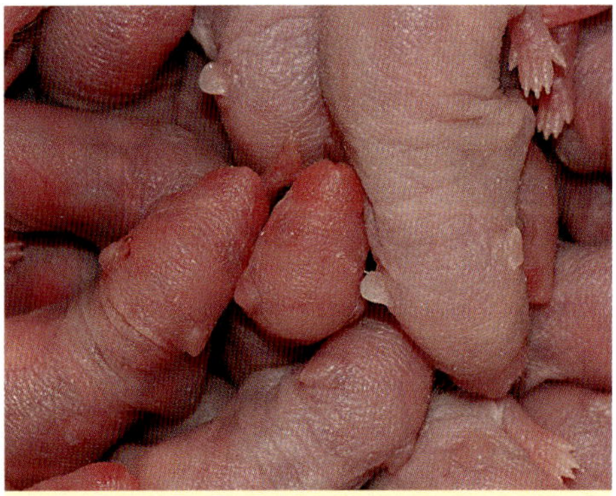

Abb. 68. Neugeborene Mäuse sind gut geeignet als Erstnahrung für Schlüpflinge. Foto: D. Bohle

Wir möchten darauf hinweisen, dass Kornnattern zwar durchaus extrem große Beutetiere im Verhältnis zu ihren eigenen Körpermaßen verschlingen können, dies aber nicht unbedingt erstrebenswert ist.

Sehr große Futtertiere beanspruchen das Verdauungssystems der Schlangen unnötig stark, was in manchen Fällen zum energiezehrenden Erbrechen der Nahrung führt. Es ist ratsamer, den Kornnattern nicht immer die Futtertiere zu verfüttern, die sie „gerade noch so“ bewältigen würden. Im Zweifelsfall sollten lieber etwas kleinere Tiere angeboten und dafür die Fütterungsintervalle verkürzt werden.

Tot oder lebendig?

Im natürlichen Lebensraum erbeuten Kornnattern lebende Futtertiere und erdrosseln sie durch Umschlingen.

Abgesehen davon, dass der Anblick einer sterbenden Maus nicht Jedermanns Sache ist, birgt das Verfüttern lebender Beutetiere Risiken für die Schlange. Wenn die Natter die Maus nicht sicher im Kopfbereich zu fassen bekommt, kann es vorkommen, dass das Nagetier die Schlange beisst und ernsthaft verletzt. Bei der Lebendfütterung von Ratten und Hamstern muss mit Verletzungen der Schlange gerechnet werden. Außerdem ist die Verfütterung von lebenden Babymäusen an Jungschlangen keine „schöne Sache“: sie werden aufgrund fehlender Gegenwehr nicht erdrosselt und statt dessen lebendig verschlungen.

Wir füttern unsere Kornnattern ausschließlich mit toten Futtertieren, was bis auf ganz wenige Ausnahmen, völlig problemlos auch langfristig funktioniert. Nur wenn eine Jungschlange gar nicht auf tote Babymäuse reagiert, sollte das Verfüttern von lebenden Tieren in Betracht gezogen werden.

Tiefgefrorene Futtertiere müssen vollständig aufgetaut sein, bevor sie der Schlange angeboten werden; wenn sie (z.B. auf der Heizung, in der Hand oder einem warmen Wasserbad) etwas erwärmt werden, fördert dies oftmals die Akzeptanz. Von der Verfütterung wilder Nagetiere sollte man absehen, da diese potentielle Krankheitsüberträger und vielerorts mit Pestiziden und anderen Umweltgiften belastet sind.

Fütterungsabstände

In freier Wildbahn fressen Schlangen „auf Vorrat“. Das heißt, sie beachten kein Hungergefühl, wie wir es kennen, statt dessen fressen sie bei nahezu jeder sich bietenden Gelegenheit. Schließlich kann es passieren, dass sie die nächsten Wochen eine Zwangsdiät einlegen müssen, weil sie nichts Fressbares erbeuten. Aus diesem Grund ist es nicht ratsam, der Kornnatter im Terrarium so viel Futter anzubieten, wie sie frisst, nach dem Motto: „sie wird schon selbst wissen, wann sie satt ist“. Das Tier würde verfetten. Leider finden sich in Menschenobhut nicht wenige übergewichtige Kornnattern, die aus diesem Grund eine verringerte Lebenserwartung haben.

Wann eine Kornnatter am besten gefüttert wird und wie viel sie zum Fressen bekommt, dafür gibt es keine allgemein gültige Antwort. Der Schlangenpfleger wird mit der Zeit das richtige Gespür für seine Schlange und deren optimale Ernährungsweise entwickeln. Wenn eine Kornnatter aktiv züngelnd im Terrarium umher kriecht, sucht sie meist nach Nahrung (Paarungsaktivitäten oder die Suche nach einem geeigneten Eiablageplatz wären andere mögliche Gründe für dieses Verhalten). Bekommt die Natter in solchen Situationen immer Futter angeboten, welches sie in den meisten Fällen auch erbeuten und fressen würde, tritt nach kurzer Zeit der oben erwähnte Fall ein: die Schlange verfettet. Schlangen finden in freier Wildbahn nicht immer auf Anhieb Beute und darum ist es wichtig, das Tier

Abb. 69. Kornnatter auf der Such nach Nahrung im Terrarium. Foto: P. Berg

ruhig einige Tage suchen zu lassen. Das schadet ihm auf keinen Fall, im Gegenteil, es liegt ganz in dessen Natur.

Richtwerte für die Fütterungsabstände bei Kornnattern sind nach unseren Erfahrungen:

- Jungschlangen werden alle fünf bis sieben Tage,
- halbwüchsige Nattern alle sieben bis 14 Tage und
- adulte Kornnattern alle 14 bis 28 Tage gefüttert.

Tiere, die beispielsweise wegen einer Erkrankung geschwächt sind, und trächtige Weibchen können auch in kürzeren Abständen gefüttert werden. Bei einer gut genährten Schlange dagegen schaden auch hin und wieder eingelegte mehrwöchige Fresspausen nicht (vier bis acht Wochen). Vor allem adulte Männchen und nicht reproduzierende Weibchen neigen dazu, bei guter Fütterung schnell Masse anzusetzen.

Es hat sich als sehr hilfreich erwiesen, über die Schlange beziehungsweise die Fütterungen, Häutungen, Paarungen, Eiablagen und Ähnliches, Buch zu führen. Aus solchen Aufzeichnungen lassen sich zuweilen hilfreiche Schlüsse ziehen und Verhaltensänderungen schnell und eindeutig erkennen. Es kommen keine Unklarheiten auf („Wann wurde sie denn das letzte Mal gefüttert?") und bestimmte Verhaltensweisen lassen sich leichter erklären („sie hat letztes Jahr während der Wintermonate auch nur schlecht gefressen.").

Die Fütterung

Der Ablauf einer Fütterung ist von mehreren Faktoren abhängig. Zunächst einmal von der Größe der Schlange und der Futtertiergröße, von der Anzahl der in einem Terrarium untergebrachten Tiere, von dem Bodengrund im Terrarium und davon, ob man lebende oder tote Futtertiere verfüttert. Werden mehrere Kornnattern gemeinsam in einem Terrarium gehalten, ist es ratsam, diese für die Fütterung zu trennen. Verbeißen sich zwei Nattern in dasselbe Futtertier, kann dies fatale Folgen haben: eine Schlange könnte die andere mit verschlingen.

Trennt man die Schlangen nicht, ist der Fütterung auf alle Fälle bis zum Schluss beizuwohnen, um notfalls eingreifen zu können.

Aber auch, nachdem alle Tiere ihr Futter verschlungen haben, kann es zu Zwischenfällen kommen. So konnten wir Jungschlangen beobachten, die ihre nach Maus riechenden Geschwistertiere attakkierten und aufgrund des Geruches offenbar ebenfalls als Beute betrachteten.

In solchen Fällen muss der Schlangenpfleger schnell eingreifen, um – möglicherweise tödliche – Zwischenfälle zu verhindern. In den meisten Fällen kann man die Schlangen durch Ergreifen und Öffnen des Maules mittels leichtem Daumendruck in den Nacken voneinander trennen. Schwierig gestaltet sich das bei größeren Nattern. Hier kann es helfen, die beiden Tiere unter Wasser zu halten.

Abb. 70. Während der Fütterung können gefährliche Situationen entstehen, wenn eine Schlange Interesse am halbverschlungenen Futtertier der anderen zeigt. Foto: P. Berg

Abb. 72. Als Notfallmaßnahme können ineinander verbissene Schlangen unter Wasser gehalten werden. Foto: D. Bohle

Abb. 71.Tödlicher Unfall bei einem unachtsamen Schlangenhalter. In diesem Fall fraß eine Kornnatter eine andere Kornnatter zusammen mit deren Futtertier auf. Beide Schlangen konnten nicht mehr gerettet werden und starben! Foto: Archiv W. Frank

Um die Schlangen getrennt zu füttern, kann man sie für diesen Zweck einzeln in Plastikterrarien (sogenannten Futter- oder Faunaboxen) unterbringen, die für ein paar Euro in jeder Tierhandlung oder auf Börsen zu haben sind. Ein weiterer Grund für die Fütterung außerhalb des Terrariums ist eventuell der Bodengrund. Manches Bodensubstrat haftet an den Futtertieren und kann so leicht mit verzehrt werden. Abhängig von der Größe der Schlange und der Art des Substrates ist das nicht erstrebenswert. Werden hin und wieder kleine Mengen von einem feinen Bodengrund mitgefressen, die die Schlange auf natürlichem Wege wieder verlassen, ist das völlig unproblematisch. Frisst aber eine kleine Natter versehendlich größere Mengen Substrat, beispielsweise Buchenhackstücke, so kann dies für das Tier gefährlich werden.

Ein weiterer, nicht unerheblicher Aspekt bei dem Thema Fütterung ist die Frage, wie das Futter angeboten wird. Eine lebende Maus wird in das Terrarium beziehungsweise die Futterbox zu der Schlange gesetzt. Der

Abb. 73. Da Kornnattern dämmerungs- und nachtaktiv sind, ist es sinnvoll das Futtertier abends anzubieten. Allerdings nehmen die Tiere meist auch während des Tages Futter an. Foto: P. Berg

Schlangenpfleger sollte mindestens so lange anwesend sein, bis die Maus erbeutet und erdrosselt wurde. Ansonsten könnte es bei dem Fang der Maus zu Komplikationen kommen. Bekommt die Kornnatter ihre Beute nicht auf Anhieb richtig zu fassen, könnte diese sie verletzen. Außerdem besteht die Möglichkeit, dass die Schlange kein Interesse an der Maus zeigt oder sie einfach nicht erwischt und sich die Maus irgendwo im Terrarium verkriecht, zum Beispiel in einem Spalt zwischen Terrarienwand und einer als Rückwand dienenden Korkplatte. Ein solcher „Gast im Terrarium“ kann einer aufgrund niedriger Temperaturen weitgehend inaktiven Schlange zum Verhängnis werden und sie anfressen. Problemloser ist die Verfütterung toter Mäuse. Es gibt mehrere Möglichkeiten, wie diese der Schlange angeboten werden können. Zum einen kann die Maus einfach ins Terrarium auf einen Stein oder Ast gelegt werden, zum anderen kann man die Maus der Schlange auch vorhalten. Dazu greift man das Futtertier mit einer großen stumpfen Pinzette am hinteren Körperteil und hält sie vor das Maul der Schlange (bei Jungtieren 5-10 cm, bei adulten Nattern 15-30 cm Distanz). Es ist unbedingt sicher zu stellen, dass sich die Natter beim Zubeißen nicht an der Pinzette verletzen kann. Wenn die Maus statt mit einer Pinzette mit den Fingern angeboten wird, kann es (selten) vorkommen, dass die Schlange neben der Maus auch noch den Finger „erbeutet“. Wichtig ist bei jeder Fütterung, dass Sie sich bewusst machen, dass sie es nicht mit einem zahmen Haustier zu tun haben. Ganz gleich, wie friedlich ihre Kornnatter sonst auch sein mag. Es macht zunächst für die Schlange keinen Unterschied, ob das vor ihrer Nase (bzw. genau genommen Zunge) nun die Futtermaus oder ein Finger vom Pfleger ist. Einer solchen Verwechslung kann durch die Verwendung einer Pinzette vorgebeugt werden. Dies ist unseres Erachtens wegen der Seltenheit solcher Zwischenfälle aber nicht unbedingt notwendig. In der Regel schlägt die Kornnatter zielsicher zu.

Sollte sich trotz vorsichtigem Umgang eine Schlange einmal in einen nach Maus riechenden Finger, die Hand oder auch den Unterarm verbeißen, so ist das bei größeren Kornnattern zwar unangenehm, aber im Grunde recht harmlos. Wie weiter oben im Zusammenhang mit zwei ineinander verbissenen Tieren beschrieben, kann eine Kornnatter meist zum Loslassen bewegt werden, indem man sie mit zwei Fingern im Nacken fasst und vorsichtig Druck auf Nacken und Kiefer ausübt. In den meisten Fällen wird die Schlange dann das Maul öffnen und ihre vermeintliche Beute freigeben. Sollte dies nicht funktionieren, kann man die Natter auch unter Wasser halten.

Um solchen „Übergriffen" vorzubeugen, sollte man nie mit nach Futtertier riechenden Händen im Terrarium hantieren oder die Schlangen anfassen. Wenn eine Kornnatter zur Fütterung umgesetzt werden muss, ist dies zu erledigen, bevor man in Kontakt mit den Futtertieren kommt oder man muss sich dazwischen gründlich die Hände waschen.

Mit der Ausnahme von Babymäusen werden lebende Futtertiere mit einem gezielten Biss attackiert und festgehalten, dann umwindet die Natter ihr „Opfer" blitzschnell mit mehreren Körperschlingen und zieht diese immer fester zusammen, bis – bei lebendigen Futtertieren – das Herz-Kreislauf-System der Beute versagt. Wenn die Maus kein Lebenszeichen mehr zeigt, lockert die Schlange langsam die Schlingen

Abb. 74-77. Der Vorgang des Verschlingens. Fotos: P. Berg

Abb. 78-80. Kornnatter beim Verschlingen eines großen Futtertieres. Fotos: D. Bohle

und bezüngelt ihre Beute gründlich. Dann kann sie mit dem eigentlichen Fressakt beginnen. In den meisten Fällen beginnt die Schlange, das Beutetier vom Kopf her zu verschlingen, so dass Haare und Extremitäten das Herunterschlingen nicht erschweren. Bei unbehaarten Futtertieren, wie Babymäusen oder -ratten, ist diese Problematik nicht gegeben und darum ist es auch nicht verwunderlich, dass Jungschlangen diese hin und wieder auch „falsch herum" verschlingen. Dass behaarte Mäuse oder auch Ratten verkehrt herum (vom Hinterteil des Tieres an) verschlungen werden, ist dagegen selten zu beobachten. Für eine größere Kornnatter stellt es aber auch kein unüberwindbares Hindernis dar, eine im Verhältnis relativ kleine Maus verkehrt herum zu fressen.

Werden tote Tiere verfüttert, erbeutet die Schlange diese entweder so wie auch ein lebendes oder aber sie beißt um einiges gemächlicher zu und beginnt zu fressen, ohne es vorher zu umschlingen. Neben Jungschlangen zeigen manchmal auch ältere Kornnattern dieses Verhalten, insbesondere, wenn das Futtertier völlig bewegungslos und ruhig angeboten wird.

Abb. 81. Durch vertikale, wellenartige Bewegungen des Halses wird das Futter weiter in Richtung Magen transportiert. Foto: P. Berg

Nachdem die Natter den Kopf der Beute im Maul hat, greifen die linke und die rechte Zahnreihe abwechselnd mit den nach hinten gestellten Zähnen in die Beute, setzen bei jedem Zugriff etwas weiter nach vorne und ziehen die Beute tiefer in den Schlund der Schlange hinein. Durch vertikal ausgeführte wellenartige Bewegungen von Hals und Vorderkörper wird dieser Vorgang unterstützt und das Futtertier weiter in den Schlund und bis in den Magen transportiert. Bei dem Schlingvorgang dehnt sich die Haut der Schlangen so weit, dass die unter den Schuppen liegende Hautschicht sichtbar wird.

Nachdem die Kornnatter gefressen hat, reibt sie ihre Schnauze an Gegenständen im Terrarium und gähnt. Bei diesem Gähnen, welches hin und wieder auch ohne einen vorangegangenen Schlingakt beobachtet werden kann, entspannt sie Muskulatur und Sehnen und bringt die Unterkieferäste wieder in Normalposition. Nicht selten können Kornnattern nach dem Fressen beim Trinken beobachtet werden.

Damit die **Verdauung** optimal ablaufen kann, sind geeignete Temperaturbedingungen notwendig; die Natter muss die Möglichkeit haben, sich bei Bedarf auf 30 °C erwärmen zu können. Bei zu niedrigen Temperaturen verzögert sich der Verdauungsvorgang deutlich; im ungünstigsten Fall kommt es zum Auswürgen der halbverdauten Beutetiere.

Wenige Tage (meist drei bis fünf) nach der Nahrungsaufnahme wird Kot (dunkel) und Harnstoff (weiß) ausgeschieden. Dies geschieht zwar in einem “Haufen”, ist aber farblich deutlich auseinander zu halten. Die Ausscheidungen sind zwar anfänglich feucht, aber nicht flüssig; eine Ausnahme stellt hier allenfalls der Kot nach Fütterung von Küken dar.

Abb. 82. Nach dem Schlingakt werden die Unterkieferäste wieder in Normalposition gebracht: die Schlange gähnt. Hier sieht man auch deutlich die Luftröhrenöffnung (Pfeil). Foto: P. Berg

Futterverweigerung und Zwangsfütterung

Futterverweigerung kann verschiedene Ursachen haben und muss nicht unbedingt problematisch oder gar krankheitsbedingt sein. Während es in einigen Fällen ganz offensichtlich ist, wieso die Schlange keinen Appetit hat, bleiben die Gründe dafür aber manchmal auch völlig im Dunklen.

Zu den **natürlichen Fresspausen** zählen

- die Paarungszeit bei den Männchen
- und die fortgeschrittene Trächtigkeit bei den Weibchen.
- Ebenso nehmen Tiere in der Häutungsphase meist keine Nahrung zu sich.
- Zur Winterzeit verweigern manche Kornnattern das Fressen, selbst wenn keine „richtige“ Winterruhe durchgeführt wird (s. Kapitel “Winterruhe”, S. 75).

Solche Futterpausen sind nicht ungewöhnlich und für eine Schlange unter normalen Bedingungen in keiner Weise schädlich. Solange eine Schlange während einer Futterpause nicht viel an Gewicht verliert, braucht sich der Schlangenhalter keine Sorgen zu machen. Es gibt aber auch Fresspausen, denen ursächlich ein Problem zugrunde liegt.

Mögliche Ursachen der Futterverweigerung

✓ Ungünstige klimatische Terrarienbedingungen, wie eine zu kühle Haltung.

✓ Stress,
zum Beispiel bedingt durch fehlende oder ungeeignete Versteckmöglichkeiten. Während einige Kornnattern sich durch fast nichts aus der Ruhe bringen und vom Fressen abhalten lassen, reagieren andere Tiere, vor allem Jungschlangen, sehr schnell mit Futterverweigerung auf Stresssituationen.

✓ Störfaktoren durch den Halter (häufiges Herausnehmen, Öffnen der Versteckplätze etc.). Wird einer ohnehin schon gestressten Natter täglich von dem übereifrigen Schlangenpfleger Futter angeboten, ist es nicht verwunderlich, dass sie auch weiterhin jegliche Nahrungsaufnahme verweigert. In einem solchen Fall wird der Schlange eine völlig störfreie Ruhepause von mindestens fünf bis sieben Tagen gewährt, bis das nächste Mal Fressen angeboten wird.

✓ Terrariengröße
Jungschlangen gehen in großen Terrarien oft schlechter an die Beutetiere. Das mag daran liegen, dass junge Kornnattern noch recht versteckt leben. In einem geräumigen Terrarium halten sich die Tiere dann vorzugsweise „unterirdisch“ (im Schutz von Rindenstücken und Blättern) auf.

✓ Größe der Futtertiere
Eine mögliche Ursache der Futterverweigerung kann auch die Größe des Futtertieres sein (vgl. S. 56). Man sollte unbedingt auf eine angemessene Größe der Futtertiere achten.

Abb. 83. Bei Nahrungsverweigerung hilft manchmal der Wechsel zu einem anderen Futtertier (hier ein Küken). Foto: P. Berg

Wie kann ich meine Kornnatter zum Fressen animieren?

✓ Die Schlange wird mehrere Tage völlig in Ruhe gelassen und bekommt dann das Futtertier so störungsfrei wie möglich angeboten.

✓ Manchmal hilft der simple Wechsel von weißen zu braunen oder grauen Mäusen oder auch zu anderen Mäusen (Vielzitzenmäuse) bzw. Ratten passender Größe, um eine Schlange zum Fressen zu bewegen.

✓ Bei Jungschlangen, die die Aufnahme von toten Futtertieren verweigern, hilft manchmal das Anbieten von lebenden Babymäusen. Besonders erfolgversprechend ist folgende Methode: die Jungschlange wird zusammen mit einer Babymaus in einem möglichst kleinen Behälter untergebracht. Hierzu eignen sich Heimchenboxen oder auch kleine Futterboxen. Dieser Behälter wird nun an einer dunklen Stelle deponiert, wo die Schlange keinerlei Störungen ausgesetzt ist und dort die ganze Nacht über belassen. Eine lebende Babymaus reizt durch ihre Bewegungen die Schlange viel eher zum Zubeißen und Fressen als eine tote Maus. Vorsicht: die Schlangen dürfen auf keinen Fall aus diesem Behälter entkommen können!

✓ In manchen Fällen hat auch das Anbieten einer toten Babymaus, deren Schädeldecke eröffnet wurde, zum Fütterungserfolg geführt.

✓ Hilfreich ist auch, die Babymaus mit dem Geruch von großen Mäusen, Echsen bzw. deren Haut oder mit Hühnerfleisch bzw. -fett zu verwittern (einreiben der nestjungen Maus, damit sie deren Geruch annimmt).

✓ Bei Jungtieren kann auch der Wechsel zu frisch geschlüpften Zebrafinken helfen (Schmidt, W. 2004).

Die **Zwangsfütterung** einer Schlange ist immer mit viel Stress für diese (und auch den Halter) verbunden und sollte deshalb nur als letzte Lösung in Betracht gezogen werden. Man muss bedenken, dass eine zwangsweise verabreichte Maus nicht mit einer selbstständig gefressenen Maus gleichwertig ist. Erstere wird aufgrund des mit der Zwangsfütterung verbundenen Stresses bei weitem nicht so gut umgesetzt. Es ist auch fraglich, ob Kornnattern, die permanent die Nahrung verweigern, überhaupt über einen längeren Zeitraum zwangsgefüttert werden sollten. Es stellt sich die Frage, ob hier ein genetischer Defekt vorliegt, der sinnvollerweise (von der weiteren Zucht) aussortiert werden sollte, um nicht weitere Futterverweigerer nachzuziehen.

Wann ist der Zeitpunkt für eine Zwangsfütterung gekommen? Dies hängt natürlich von der Größe und dem Ernährungszustand der Kornnatter ab. Jungschlangen sollten nach sechs bis acht Wochen zwangsernährt werden. Bei semiadulten und adulten Tieren muss das für jeden Fall einzeln entschieden werden. Während Futterverweigerung bei Jungschlangen leider keine Besonderheit ist, ist bei einer älteren Schlange ein erfahrener Schlangenhalter oder ein reptilienkundiger Veterinärmediziner zu Rate zu ziehen, nachdem Haltungsfehler als Ursache ausgeschlossen werden konnten.

Wird eine Schlange zwangsgefüttert, ist abhängig von ihrer Größe ein geeignetes Futtertier zu wählen. Fällt dieses im Verhältnis etwas kleiner aus, lässt es sich auch leichter verfüttern. Außerdem hat der Magen einer seit längerer Zeit futterverweigernden Schlange seine Aktivität reduziert und muss nach und nach wieder angeregt werden.

Trockene Futtertiere würden der Schlange im Rachen stecken bleiben. Beim selbstständigen Fressakt wird das Beutetier durch den Speichel der Schlange gleitfähig gemacht. Um die Gleitfähigkeit des Futtertieres auch bei der Zwangsfütterung zu gewährleisten, sollte dieses mit Wasser nass gemacht werden. Manche Pfleger bestreichen das Beutetier auch mit frischem Eiklar. Das gleitfähig gemachte Futtertier wird der Schlange mit Hilfe einer Pinzette vorgehalten und versucht, die Natter zum Zubeißen zu animieren. Gelingt dies nicht, fixiert man die Schlange hinter dem Kopf und öffnet ihr das Maul behutsam mit einem Holzspatel oder ähnlichem, der Größe der Schlange angemessenen flachen

Abb. 84. Beim selbstständigen Fressakt wird viel Speichel gebildet, der das Futtertier gleitfähig macht. Foto: D. Bohle

Gegenstand. Dabei ist unbedingt darauf zu achten, dass für das Tier kein Verletzungsrisiko besteht. Hat man das Maul mit sanfter Gewalt geöffnet, schiebt man das Futtertier mit dem Kopf voran in den Schlund der Natter und schiebt ggf. mit einem runden Stäbchen nach. Es ist darauf zu achten, dass keinesfalls Nahrung in die Luftröhrenöffnung gelangt (s. Pfeil auf Abb. 82, S. 64). Danach wird die Maus hinuntermassiert bis etwa zum Ende des ersten Körperdrittels, um zu gewährleisten, dass das Beutetier in den Magen gelangt. Ein Auswürgen kann verhindert werden, indem man die Natter ins Wasser setzt, da sie dann schwimmen muss und nicht würgen kann.

Zwangsfütterung

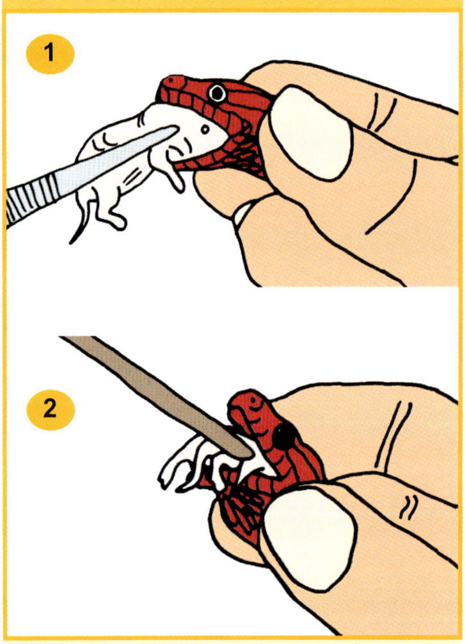

Abb. 85.

1 Die Maus wird so weit wie möglich vorsichtig in den Schlund geschoben

2 und ggf. mit einem Stäbchen vorsichtig weitergeschoben bis sie ganz verschwunden ist.

Falls nötig wird das Futtertier noch vorsichtig Richtung Magen massiert.

Zeichnungen: verändert nach Weier & Vitt 2003

Bei deutlich abgemagerten Kornnattern kann man erwägen, statt eines ganzen Futtertieres für eine schonendere Zwangsfütterung dem Tier auch einen Nahrungsbrei per Spritze und Magensonde zu verabreichen. Dazu wird ein Schlauch bis in den Magen geführt (Position der Atemöffnung im Maul beachten, s. Pfeil, Abb. 82) und der Nahrungsbrei (z.B. bestehend aus zuvor pürierten Futtertieren) aus einer Spritze appliziert. Zu beachten ist, dass der Schlauch schon beim Einführen mit Futterbrei gefüllt sein muss, damit nicht zu viel Luft in den Magen der Schlange gelangt. Außer pürierten Mäusen kann ein solcher Nahrungsbrei rohes Ei, püriertes Fleisch sowie Vitamin- und Mineralstoffzusätze enthalten. Von Milch als Zusatz raten wir wegen möglicher Unverträglichkeiten bei der Schlange ab (Gefahr von Fehlgärungen). Sowohl einer ganzen Maus als auch einem Futterbrei können gezielt Medikamente beigegeben werden, falls der Therapieplan das verlangt.

Wird eine Zwangsfütterung erforderlich, sollte ein erfahrener Schlangenhalter oder ein reptilienkundiger Tierarzt dieser zunächst beiwohnen, da eine unsachgemäße Durchführung zu Verletzungen führen kann und den Stress für das Tier enorm steigert.

Trinken

Kornnattern nehmen nur unregelmäßig Wasser auf, beziehungsweise der Schlangenhalter kann dies nur selten beobachten; dennoch benötigen die Tiere ein ständiges Angebot von frischem Wasser, um ihren Flüssigkeitsbedarf jederzeit stillen zu können. Sie nehmen das Wasser meist durch Trinken aus einer Wasserschale auf. Dass Kornnattern Wassertropfen von Pflanzen trinken, ist eher die Ausnahme. Am häufigsten können die Schlangen nach dem Fressen beim Stillen ihres Durstes beobachtet werden.

Prinzipiell baden Kornnattern selten. Gründe für das vermehrte Aufsuchen der Wasserschale können eine zu trockene Haltung, sehr hohe Temperaturen und der Befall mit Milben (siehe Kapitel „Krankheiten bei Kornnattern“, S. 121) sein.

Abb. 86. Wichtig ist ein ständiges Angebot an frischem Trinkwasser. Foto: P. Berg

Vitamine und Mineralstoffe

Kornnattern, die mit hochwertigen ganzen Futtertieren gefüttert werden, benötigen in der Regel keine zusätzlichen Vitamin- und Mineralstoffgaben. Auch Frostfutter verliert durch das Einfrieren nur eine geringe Menge seiner Nahrhaftigkeit, die vernachlässigt werden kann. Sollte die Gabe von Futterzusätzen sinnvoll erscheinen, kann man diese leicht über die Futtertiere verabreichen. Dazu tropft man z.B. der Maus das Präparat unterhalb der Schwanzbasis auf das Fell; so nehmen die Schlangen den Zusatz nicht gleich beim Verschlingen wahr. Alternativ kann das Präparat unter die Haut des Futtertiers injiziert werden.

Es gilt zu beachten, dass eine Hypovitaminose (Vitaminmangel) natürlich zu vermeiden ist, diese aber wie erwähnt eine Ausnahme darstellt und Schlangen überflüssige Vitamine nicht einfach wieder ausscheiden (dies gilt insbesondere für die fettlöslichen Vitamine A, D und E); bei Überversorgungen können gesundheitliche Probleme einer Hypervitaminose („Vitaminüberdosis“) folgen (z.B. Verkalkungen der Blutgefäße, Häutungsprobleme). Mineralstoffe werden vor allem in der Hauptwachstumsphase und während der Trächtigkeit vermehrt benötigt. Zusätzliche Gaben sind in kleineren Mengen unbedenklich (Packungsbeilage beachten!).

Die Vermehrung

Abb. 87. Die Vermehrung sollte Ziel jeden Schlangenhalters sein. Foto: P. Berg

Obwohl die langfristige Pflege von Kornnattern an sich schon interessant und lohnenswert ist, sollte jeder ernsthafte Schlangenpfleger zum Ziel haben, seine Tiere zur Vermehrung zu bringen. Einerseits werden durch jedes weitere Nachzuchttier Naturentnahmen entbehrlicher. Vor allem aber bieten sich bei der Nachzucht von Kornnattern im Terrarium spannende Beobachtungsmöglichkeiten und Einblicke in die interessante Biologie dieser Tiere. Nach erfolgreicher Winterruhe, Paarung, Trächtigkeit, Eiablage und Inkubation der Eier werden unsere Bemühungen mit dem Schlupf der Jungschlangen belohnt. Kornnattern werden schon seit einigen Jahrzehnten erfolgreich und kontinuierlich vermehrt (CLARK 1953, BECHTEL & BECHTEL 1958, HOLMAN 1960, BECHTEL & BECHTEL 1962, DLOOGATCH 1973, KREMPL 1981, EERDEN 1985, MARLE 1986, OLSEN 1987a-c, BECHTEL & BECHTEL 1989).

Geschlechtsbestimmung

Vorraussetzung für die Vermehrung von Kornnattern ist die Zusammenführung von Tieren unterschiedlichen Geschlechts. Da Kornnattern über keine primären oder sekundären äußeren Geschlechtsmerkmale verfügen, ist die Unterscheidung der Geschlechter nicht ganz einfach und bereitet vor allem wenig erfahrenen Schlangenhaltern Schwierigkeiten.

Hilfreich ist der Vergleich zahlreicher (gleichaltriger) Tiere beiderlei Geschlechts. Mit etwas Erfahrung lassen sich bei den Körper-Schwanz-Proportionen zwischen Männchen und Weibchen Unterschiede feststellen: Männchen haben relativ längere Schwänze als die Weibchen. Auch die Schwanzform ist verschieden: bei den Männchen verjüngt sich der Schwanz nur allmählich, ist also am Schwanzansatz – bedingt durch die in der Schwanzbasis

Männchen

- **Schwanz ist relativ länger**
- **Schwanz ist aufgrund der Hemipenes am Schwanzansatz dicker**

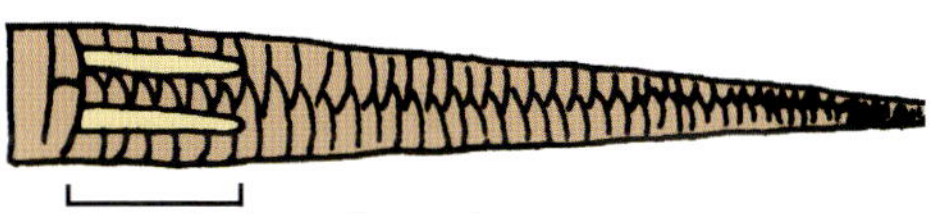

Lage der innenliegenden
Hemipenes
7-12 Schuppen

Abb. 88 Schwanzform eines erwachsenen Männchens (Ansicht Bauchseite).

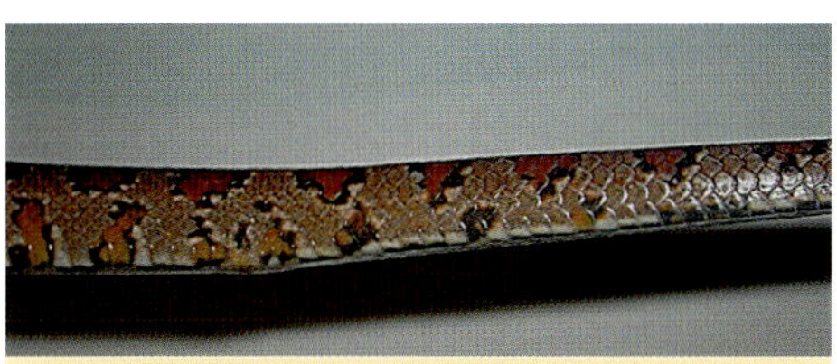

Abb. 89. Schwanzform eines Männchens (seitliche Ansicht).

Weibchen

- **Schwanz ist relativ kürzer**
- **Schwanz verjüngt sich abrupter**

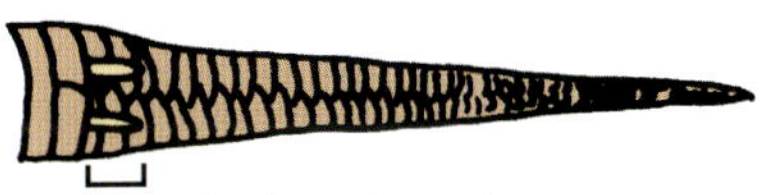

Lage der innenliegenden
Hemiclitoris
2-4 Schuppen

Zeichnungen verändert nach Bartlett 1996

Abb. 90. Schwanzform eines erwachsenen Weibchens (Ansicht Bauchseite).

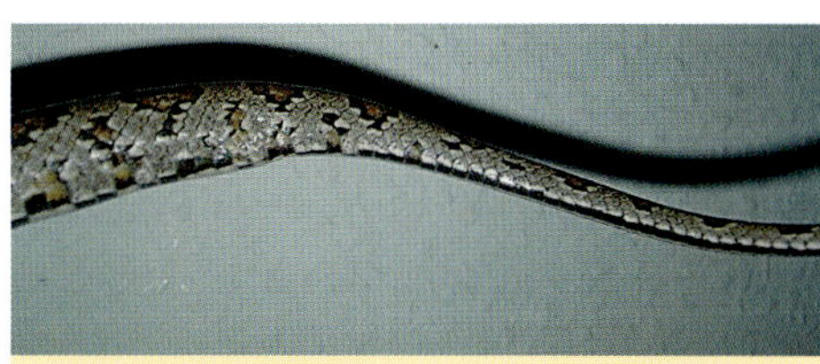

Abb. 91. Schwanzform eines Weibchens (seitliche Ansicht).

ruhenden Hemipenes – relativ dicker als bei den Weibchen und weist bei adulten Tieren für 5-8 cm nach der Basis nahezu den gleichen Umfang auf wie der hintere Körperbereich. Bei den Weibchen hingegen nimmt der Schwanzumfang direkt nach der Kloake stark ab, wird also rasch schmaler (vgl. Abb. 90-91). Manch erfahrener Schlangenkenner kann mit nahezu hundertprozentiger Sicherheit durch bloßes Betrachten der Schwanzform das Geschlecht einer Schlange feststellen.

Abb. 93. An einem Häutungshemd lassen sich die Schuppenwerte ermitteln.
Foto: P. Berg

Ermittlung der Schuppenwerte

Geschlechtsspezifische Unterschiede finden sich auch in der Anzahl der Bauchschilde (Ventralia) und der Schuppen auf der Schwanzunterseite (Subcaudalia): in einer Population haben die Männchen 5-6 Ventralia weniger als die Weibchen, und ein paar Subcaudalia mehr als letztere (WALLS 1996). Allerdings überlappen sich die Bereiche von Männchen und Weibchen so stark, dass dieses Merkmal im Einzelfall oftmals keine große Hilfe darstellt. Diese Schuppenwerte am lebenden Tier zu ermitteln, bringt einen nicht unerheblichen Stress für das Tier mit sich und kann aus diesem Grund nicht empfohlen werden.

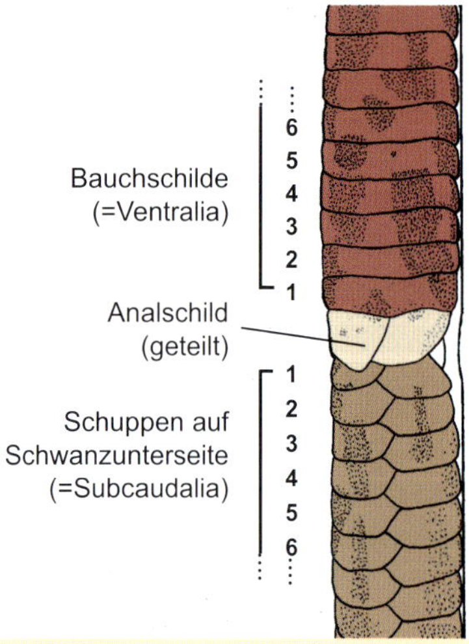

Abb. 92. Bezeichnung und Zählweise der Schuppen auf der Bauchseite und Schwanzunterseite.

Einfacher ist es, die Bauchschilde und Schuppen auf der Schwanzunterseite an einem Natternhemd zu zählen (Filzstift als Markierungshilfe benutzen).

Falls das Natternhemd in sich zusammengeschoben ist, legt man es für kurze Zeit (10 min) in Wasser, um es aufzuweichen; danach kann man es vorsichtig ausbreiten und trocknen lassen. Die Differenz Ventralia minus Subcaudalia bringt einen geringeren Überlappungsbereich von Männchen und Weibchen, ist also etwas aussagekräftiger.

Ausstülpen der Hemipenes

Andere Methoden zur Geschlechtsbestimmung sollten nur von erfahrenen Schlangenhaltern durchgeführt werden, da sie ansonsten ein nicht zu unterschätzendes Verletzungsrisiko für die Schlange darstellen. Dazu zählt das Ausstülpen der Hemipenes bei frisch geschlüpften Nachzuchten oder Jungtieren durch sanften Druck des Daumens auf den Schwanzwurzelbereich, das sogenannte „Poppen". Dabei wird ein leicht abrollender Druck nach unten und in Richtung Kloake ausgeübt, durch den die Hemipenes (im Falle eines Männchens) ausgestülpt werden können. Bei den männlichen Jungschlangen kann man 3-7 mm lange, schlanke Gebilde von rosa oder rötlicher Farbe hervordrücken, bei den Weibchen nicht.

Die beschriebene Methode funktioniert bei Exemplaren von über 45 cm Gesamtlänge aufgrund zu kräftiger Muskulatur nicht.

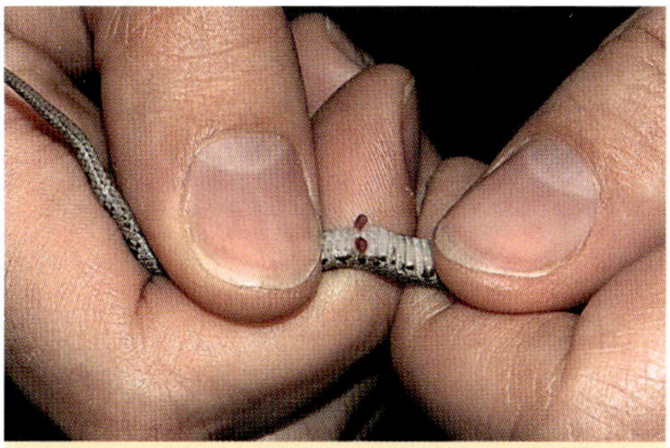

Abb. 94. Das Ausstülpen der Hemipenis darf nur von einem erfahrenen Schlangenhalter mit größter Vorsicht vorgenommen werden. Foto: M. Wenzel

Das **Sondieren der Hemipenistaschen** ist eine etablierte Methode zur Geschlechtsbestimmung und führt mit etwas Übung bei adulten Kornnattern zu relativ verlässlichen Ergebnissen, bei Jungtieren besteht allerdings ein größeres Verletzungsrisiko. Mit Hilfe einer Knopfsonde – einem stumpfen, am Ende knopfartig verdickten Metall- oder Kunststoffstab – prüft man, ob Hemipenistaschen vorhanden sind (= Männchen) oder nicht (= Weibchen).

Die Öffnungen der Hemipenistaschen befinden sich schwanzwärts rechts und links in den Kloakenwinkeln (vgl. Abb. 88, S. 71). Bei adulten Männchen gleitet die Sonde mehrere Zentimeter tief hinein, auf eine Länge, die dem drei- bis vierfachen Schwanzdurchmesser an der Basis bzw. 7-12 Unterschwanzschilden entspricht. Bei männlichen Schlüpflingen beträgt die Eindringtiefe immerhin noch knapp einen Zentimeter. Bei den Weibchen hingegen dringt die Sonde kaum ein (auf eine Tiefe, die weniger als dem einfachen Schwanzdurchmesser an der Basis entspricht), da deren Äquivalent zum Hemipenis, die Hemiclitoris, nur einen sehr kleinen Hohlraum aufweist.

Die vorher mit Wasser oder Gel (keine Öle verwenden) gleitfähig gemachte Sonde wird vorsichtig in eine der beiden Öffnungen im Kloakenwinkel eingeführt. Dabei darf nur minimaler Druck ausgeübt werden, um Verletzungen zu vermeiden. Knopfsonden sind im Zoofachhandel in verschiedenen Größen erhältlich. Bei Jungtieren sollte der Knopfdurchmesser der Sonde etwa 1 mm betragen, bei Exemplaren über einen Meter Länge bis zu 2 mm.

Abb. 95. Diese junge Kornnatter (Alter ca. 4 Monate) hat die Geschlechtsreife noch nicht erreicht. Foto: G. Köhler

Geschlechts- und Zuchtreife

Kornnattern erreichen ihre Geschlechtsreife unter Terrarienbedingungen in der Regel bereits nach zwei Jahren, in Ausnahmefällen (bei guter Fütterung und ohne Winterruhe) sogar schon nach nur einem Jahr. Während Männchen in diesem Alter ohne weiteres zur Zucht herangezogen werden können, ist es empfehlenswert, Weibchen erst mit drei Jahren zur Zucht einzusetzen. Sie haben dann eine Größe und ein Gewicht erreicht, mit dem sie problemlos Gelege produzieren können.

Weibchen, die sehr früh trächtig werden und Eier legen, werden durch die Strapazen sehr geschwächt und bleiben im Wachstum zurück. Sie erholen sich nach der Eiablage meist nur schlecht. Aus diesem Grund ist eine Geschlechtertrennung bis zum Erreichen der Zuchtreife ratsam.

Über das Höchstalter fortpflanzungsfähiger Kornnattern liegen nur wenige Daten vor. Bei guter Kondition können sich Kornnattern aber auch im Alter von über zwanzig Jahren noch fortpflanzen.

Winterruhe

Da Kornnattern aus dem gemäßigten Nordamerika stammen, machen die Tiere im Freiland in der Regel eine mehrmonatige winterliche Ruheperiode durch. Lediglich sehr südliche Populationen (z.B. auf den Florida Keys) sind das ganze Jahr hindurch weitgehend aktiv. Kornnattern im Norden des Verbreitungsgebietes und solche aus höheren Lagen durchlaufen eine lange und entsprechend kühle winterliche Ruhephase. Der Jahreszyklus der Kornnatter wird vor allem von den Umgebungstemperaturen und von der Tageslichtlänge bestimmt. Allerdings spielt die „innere Uhr", also der Jahresbiorhythmus auch eine große Rolle, was von Terrarientieren belegt wird, die trotz gleichbleibender Klimabedingungen im Winter eine eingeschränkte Aktivität aufweisen oder sich sogar ganz zurückziehen und inaktiv verhalten. Im Freiland hängt die Dauer der Winterruhe von den klimatischen Bedingungen am Standort ab. Kornnattern im nördlichen Teil ihres Verbreitungsgebietes machen eine längere Winterruhe durch als ihre Artgenossen, die weiter südlich leben.

In der Regel wissen wir nicht, aus welchem Bereich ihres großen Verbreitungsareals die Kornnattern kommen, die wir in unserem Terrarium pflegen. Dennoch empfehlen wir generell für Kornnattern eine zwei- bis dreimonatige kühle Überwinterung. Zum einen ist dies als Fortpflanzungsstimulation sinnvoll, zum anderen haben Tiere, die jedes Jahr eine Winterruhe durchmachen, eine längere Lebenserwartung als solche, die permanent warm gehalten werden. Eine Winterruhe ist allerdings nicht Voraussetzung für die Fortpflanzung; Kornnattern sind so vermehrungsfreudig, dass es meist auch ohne funktioniert. Dennoch entspricht eine Überwinterung für eine Schlange aus Nordamerika ganz ihrer Natur und kommt deren Lebensqualität zu Gute. Wir betrachten deshalb die Winterruhe als Bestandteil einer artgerechten Haltung von Korn-

Check up Winterruhe:

- ✓ 2 bis 4 Wochen vor dem Einleiten der Winterruhe nicht mehr füttern!
- ✓ Abwarten der Häutung (gegebenenfalls)
- ✓ Im späten Herbst Beleuchtungsdauer und Terrarientemperatur über einen Zeitraum von ca. 4 Wochen stufenweise herunterfahren (Temperatur: 18°–10 °C). Während der eigentlichen Winterruhe Temperaturen zwischen 7–10 °C.
- ✓ Temperaturen keinesfalls unter 5 °C sinken lassen (Minimum-Maximum-Thermometer einsetzen).
- ✓ Während der Winterruhe nicht füttern, jedoch stets sauberes Trinkwasser bereithalten.
- ✓ Störungen vermeiden, Kontrolle nur alle zwei bis drei Wochen.
- ✓ Im zeitigen Frühjahr (Mitte Februar bis Mitte März) Beleuchtung und Temperatur wieder schrittweise auf den normalen Betriebsbereich bringen.

nattern. Für die Fortpflanzungssynchronisation ist es erforderlich, dass beide Geschlechter gleichzeitig überwintert werden.

Vor Beginn der Winterruhe sollten die Tiere ihren Verdauungstrakt weitgehend entleert haben, da ein großer Nahrungsbrocken während der Ruhephase in Fäulnis übergehen würde. Deshalb sollte die letzte Fütterung mehrere Wochen vor der Winterruhe beziehungsweise vor dem Einleiten dieser stattfinden. Dadurch gibt man den Schlangen ausreichend Zeit, die Nahrung zu verdauen und die Reste auszuscheiden. Ein Baden der Schlangen ist dann nicht nötig und bringt nur zusätzlichen Stress für die Tiere. Bei Kornnattern, die Anzeichen einer bevorstehenden Häutung zeigen (z.B. trübe Augen), wartet man die Häutung noch ab, bevor die Überwinterung eingeleitet wird.

Man kann die Schlangen entweder im normalen Terrarium überwintern oder die Tiere in eigens dafür vorgesehene Behälter überführen. Ein Verbleib im Terrarium ist nur dann möglich, wenn der Raum in dem die Behälter stehen weit genug heruntergekühlt werden kann. Die Nattern ziehen sich in ihre Versteckplätze zurück, wo sie bis zum Ende der Ruhephase bleiben. Man sollte die Verstecke mit einer etwa 20 cm dicken Laubschicht (trockene Eichen- und Buchenblätter) bedecken, wodurch das Klima in den Verstecken etwas stabilisiert und die Rückzugsorte abgedunkelt werden. Wenn der Terrarienraum nicht bis auf ca. 8 °C heruntergekühlt werden kann, müssen die Schlangen samt Terrarium in einen anderen Raum gebracht oder in andere Behälter überführt werden, die dann an einen klimatisch geeigneten Platz, zum Beispiel in einen kühlen Kellerraum oder Kühlschrank, gebracht werden.

Das Überwinterungsterrarium

- ✓ Als Überwinterungsbehälter kann man Kunststoffboxen, Holzkisten oder kleine Glasterrarien verwenden. Wichtig ist, dass die Behälter gut schließen (Ausbruchsgefahr!) und über ausreichende Belüftung verfügen.
- ✓ Eine Isolierung mittels Styroporplatten ist empfehlenswert, damit kurzfristige Temperaturschwankungen abgepuffert werden.
- ✓ Als Substrat eignet sich leicht feuchte Lauberde, vermischt mit etwas Falllaub. Torf staubt zu sehr und ist deshalb ungeeignet – Atemwegserkrankungen durch Inhalation der Staubpartikel wären die Folge.
- ✓ Mehrere Rindenstücke (als Verstecke), bedeckt mit einer Laubschicht und
- ✓ ein stets mit sauberem Wasser gefüllter Trinknapf vervollständigen die Einrichtung.

Im späten Herbst werden die Beleuchtungsdauer (= Tageslichtlänge) und die Terrarientemperatur über einen Zeitraum von ca. 4 Wochen stufenweise heruntergefahren (siehe Diagramm). In dieser Übergangszeit – bei Werten zwischen 18° und 10 °C – zeigen die Schlangen bereits stark reduzierte Aktivität. Während der eigentlichen

Winterruhe sollten die Temperaturen zwischen 7 und 10 °C liegen. Bei Temperaturen über 10 °C kann man oftmals schon wieder Aktivität bei den Kornnattern feststellen. Unter 5 °C dürfen die Temperaturen keinesfalls sinken, da sonst mit Verlusten zu rechnen ist.

Man sollte die Tiere während der Winterruhe nicht unnötig stören, weshalb wir empfehlen, die Nattern nur alle zwei bis drei Wochen zu kontrollieren. Mittels eines Minimum-Maximum-Thermometers sollten die Temperaturbedingungen im Überwinterungsraum im Auge behalten werden.

Im zeitigen Frühjahr (Mitte Februar bis Mitte März) bringt man Beleuchtung und Temperatur wieder schrittweise auf den normalen Betriebsbereich. Tiere, die außerhalb ihres gewohnten Terrariums überwintert wurden, werden zunächst in ihren Überwinterungsbehältern langsam an wärmere Bedingungen gewöhnt, bevor sie ins Terrarium zurück gesetzt werden.

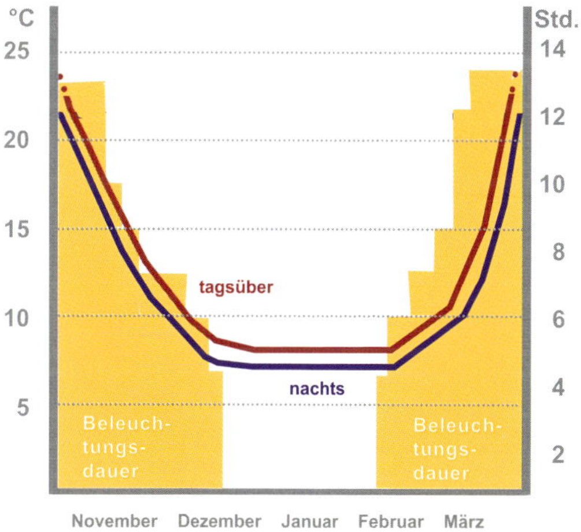

Abb. 96. Mögliche Temperatur (rot und blau) und Beleuchtungsdauer (gelb) während des Zeitraumes der Überwinterung.

Eine **warme Überwinterung** wird bei Temperaturen um die 14–15°C durchgeführt, auf eine Beleuchtung wird verzichtet. Da die Körperfunktionen der Natter bei dieser Art von Winterruhe nur mäßig reduziert sind, darf sie nicht so lange dauern. Eine Zeit von drei bis sechs Wochen ist ratsam. Wenn man seine Kornnattern nicht überwintert, sollte man zumindest durch eine Verkürzung der Beleuchtungsdauer und Absenken der Temperatur eine Änderung der Jahreszeit simulieren. Eine Beleuchtung von sechs bis acht Stunden und Tagestemperaturen von 20°C bis 22°C, sowie eine Nachtabsenkung auf bis zu 17/18°C hat eine Verlangsamung des Stoffwechsels der Nattern zur Folge. Bei diesen Temperaturen können sie zwar noch gefüttert, aber die Futterintervalle sollten größer und die Beutetiere kleiner gewählt werden, da die Verdauung um einiges mehr an Zeit in Anspruch nimmt. Manche Kornnattern nehmen während dieser Zeit keine Nahrung mehr an.

Paarung

Für die Weibchen beginnt die Fortpflanzungsperiode nach deren erster Häutung im Anschluss an die Winterruhe. Manche Männchen zeigen auch schon vor ihrer Häutung Paarungsaktivitäten. Im Gegensatz zum Kornnatterhalter erkennen die Schlangen das Geschlecht ihrer Artgenossen völlig problemlos anhand von Geruchsstoffen (Pheromonen).

Paarungsbereite Kornnattermännchen bewegen sich zunächst auf jede andere Schlange zu, auf die sie aufmerksam werden. Treffen zur Paarungszeit zwei Männchen aufeinander, kann es zu **Kommentkämpfen** (Ritualkämpfe um Revier und Weibchen) kommen, die ritualisiert und ohne Verletzungen ausgetragen werden (SCHMIDT, W. 2004). Dabei umschlingen sich die Kontrahenten im Bereich der hinteren Körperhälfte, verhaken immer wieder die Köpfe ineinander und versuchen, sich gegenseitig niederzudrücken (vgl. Abb. 98).

Abb. 98. Begegnen sich zur Paarungszeit zwei Männchen der Kornnatter, werden meist Ritualkämpfe ausgetragen.
Foto: M.&N. Dorka

Abb. 97. Begegnen sich Männchen und Weibchen der Kornnatter zum richtigen Zeitpunkt, kommt es zur Paarung.
Foto: P. Berg

Begegnen sich hingegen Männchen und Weibchen, kann es zu einer Paarung kommen. Zunächst verfolgt das erregte Männchen das weibliche Tier einige Zeit, bis dieses zur Paarung bereit ist. Dabei können die beiden Nattern entweder gemächlich durch das Terrarium kriechen, oder auch eine wilde „Hetzjagd“ veranstalten. Schließlich kriecht das Männchen auf das Weibchen, reibt sein Kinn am Körper

Abb. 99. Das erregte Männchen verfolgt das Weibchen. Foto: P. Berg

des Weibchens und umschlingt mit seinem Schwanz den der Partnerin. Dabei versucht es, seinen Kloakenspalt auf den seiner Partnerin zu platzieren. Paarungsbisse in den Nackenbereich des Weibchens, wie sie bei einigen anderen Schlangenarten vorkommen, bilden bei Kornnattern die Ausnahme. Schafft es das männliche Tier, seinen Kloakenspalt an den des Weibchens zu bringen, führt es einen Hemipenis in dessen Kloake ein.

Während der eigentlichen Kopulation liegen die beiden Kornnattern weitgehend bewegungslos im Terrarium; nur ihre Schwänze vollführen langsame Windebewegungen während der Paarung. Das männliche Kopulations-

Abb. 100. Zur Paarung kriecht das Männchen auf das Weibchen und reibt sein Kinn an dessen Körper. Foto: P. Berg

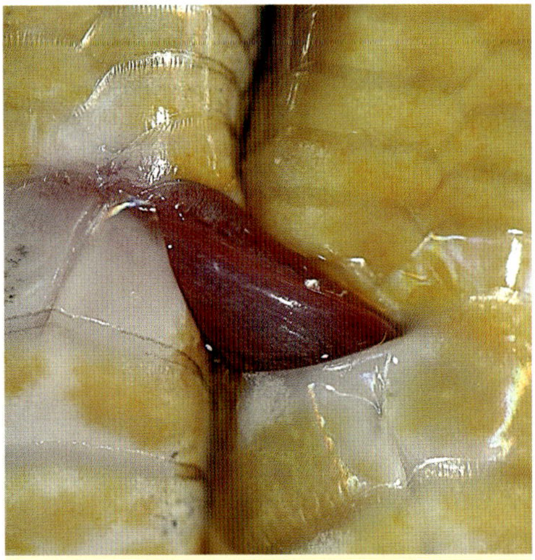

Abb. 101. Bei der Paarung sind Männchen und Weibchen fest verankert. Ansicht der Bauchseite einer “Caramel Bloodred” und einer “Butter Bloodred”. Foto: D. Bohle

Abb. 102. Nach der Paarung tritt manchmal noch etwas Sperma aus. Foto: P. Berg

organ, der Hemipenis (Plural Hemipenes) ist mit mehreren festen Stacheln bewehrt, die für einen sicheren Halt in der weiblichen Kloake sorgen. Diese Verankerung ist so stabil, dass eine gewaltsame Trennung der Tiere zu schwerwiegenden Verletzungen führen würde.

Eine Störung der Schlangen während der Paarung kann dazu führen, dass das Weibchen das Männchen verbunden über den Hemipenis in der Kloake – hinter sich herzieht. Man sollte die Nattern deshalb während der Kopulation nicht stören.

Eine Paarung kann inklusive des Vorspiels über eine Stunde in Anspruch nehmen. Die eigentliche Kopulation dauert meist 10 bis 30 Minuten. Danach trennen sich die Tiere und das Männchen zieht den Hemipenis wieder ein.

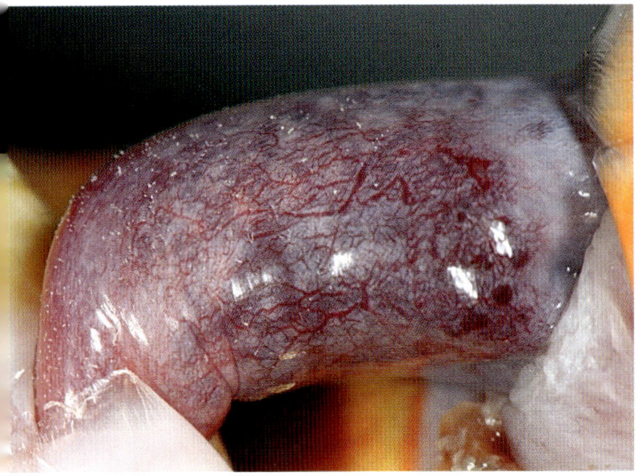

Abb. 103. Teil des Hemipenis in Nahansicht. Foto: D. Bohle

Abb. 104. Nahansicht nach der Paarung. Deutlich sind die Stacheln des Hemipenis zu erkennen.
Foto: D. Bohle

Paarungen können bei Kornnattern – abgesehen von der Winterruhe – das ganze Jahr über stattfinden, der Schwerpunkt der Paarungszeit fällt aber in die Monate nach der Winterruhe. Aus diesem Grund kann unter Terrarienbedingungen in einem Jahr auf eine erste Eiablage auch eine zweite folgen, wobei hierfür nicht unbedingt weitere Paarungen nötig sind (Samenspeicherung). Im natürlichen Lebensraum ist vermutlich ein Gelege pro Jahr die Norm.

Abb. 105. Pärchen nach der Paarung.
Foto: P. Berg

Abb. 106. Trächtiges Weibchen auf seinem Lieblingsruheplatz. Foto: P. Berg

Trächtigkeit und Eiablage

Die beginnende Trächtigkeit äußert sich unter Umständen dadurch, dass das Weibchen seine Paarungsbereitschaft verliert und sich den Annäherungsversuchen der Männchen entzieht.

Wie die Mehrheit aller Schlangen sind auch Kornnattern eierlegend (ovipar). Auch Weibchen, die einzeln gehalten werden, können (unbefruchtete) Eier legen. Es ist deshalb unbedingt ein geeigneter Eiablageplatz dauerhaft im Terrarium zur Verfügung zu stellen.

Während der Trächtigkeit sollte die Kornnatter möglichst wenig Stress ausgesetzt werden. Unter Umständen ist es ratsam, das Männchen umzusetzen und das Weibchen in seiner gewohnten Umgebung zu belassen, damit es nicht weiteren Paarungsversuchen von Seiten des Männchens ausgesetzt ist.

Hochträchtige Kornnattern nehmen oft auch keine Nahrung mehr an, verhalten sich sehr ruhig und bleiben über längere Zeit in ihren Verstecken. Ein bis zwei Wochen vor der Eiablage werden die trächtigen Weibchen dann sehr unruhig, kriechen auf der Suche nach einem geeigneten Eiablageplatz eifrig züngelnd im Terrarium umher. Wenn sie sich für einen Platz entschieden haben, werden sie wieder ruhiger und verharren an dieser Stelle.

In der Regel häutet sich das Weibchen ein bis zwei Wochen vor der Eiablage. Es kann auch vorkommen, dass die Eiablage in die Zeit der Häutung fällt. Diese Häutung des trächtigen Weib-

Abb. 107. Eine geeignete Eiablagebox im Terrarium. Foto: P. Berg

chens stellt für den Schlangenhalter den spätesten Zeitpunkt dar, einen geeigneten Eiablageplatz zur Verfügung zu stellen. Besser ist es aber, schon vorher für günstige Ablagebedingungen zu sorgen.

Ein geeigneter Eiablageplatz für Kornnattern wird vor allem von drei Faktoren bestimmt:

(1) Substrat, das ausreichend hoch (mindestens 10 cm) ist und eine mäßige Feuchtigkeit („erdfeucht"; keinesfalls nass!) aufweist;

(2) Temperatur zwischen 22 und 28°C

(3) eine dem Weibchen Sicherheit gebende Enge; das Tier benötigt zur Befriedigung des Sicherheitsgefühls Kontakt zu festen Flächen, das Volumen der Höhlung darf nicht zu groß gewählt sein.

Abb. 108. Zwei Weibchen ("Charcoal" und "Lavender") in einer Eiablagehöhle (Deckel abgehoben). Anmerkung: Da die Tiere sich bei der Eiablage gegenseitig stören können, ist es besser, die Weibchen zur Eiablage in separate Terrarien zu setzen. Foto: D. Bohle

Schlangen sind mangels Extremitäten nicht in der Lage, spezielle Höhlen für ihre Gelege zu graben und deshalb auf bereits vorhandene, für die Inkubation der Eier geeignete Ablagemöglichkeiten angewiesen. In der Natur setzen die Natternweibchen ihre Gelege meist unter Baumstämmen, Steinen, in verlassenen Nagetierhöhlen oder in Haufen sich zersetzenden Pflanzenmaterials ab. Günstige Orte werden vom Weibchen immer wieder angenommen bzw. von mehreren Weibchen gemeinsam benutzt. Geeignete Eiablageplätze im Terrarium können unter einem Stück Rinde, unter einer Wurzel, in einem Blumentopf oder auch im Versteckkasten beziehungsweise einer extra nach diesen Anforderungen angebotenen Eiablagebox sein.

Im fortgeschrittenen Stadium der Trächtigkeit hat die Schlange bereits deutlich an Körperumfang zugenommen und die Konturen der Eier sind zu erkennen. Findet die hochträchtige Schlange keinen geeigneten Ablageplatz vor, kann sie die Eiablage auch noch für einige Zeit verzögern. Dies ist aber unnötig und zehrt nur an den Kraftreserven der Schlange. Im Extremfall kann es zu einer lebensgefährlichen Legenot führen (vgl. Kapitel „Krankheiten bei Kornnattern", S. 120).

Abb. 109-111. Der Vorgang der Eiablage ("Bloodred"). Fotos: D. Bohle

Die **Eiablagezeit** fällt gewöhnlich in die Zeit zwischen April und Juni, unter Terrarienbedingungen – bedingt durch eine kurze oder fehlende Winterruhe - oft auch schon in den März. Außerdem wird nicht selten nach zwei bis drei Monaten ein zweites Gelege abgesetzt.

Die **Trächtigkeitsdauer** schwankt zwischen 29 und 70 Tagen (SCHULZ 1996).

Die **Gelegegröße** liegt meist zwischen acht und 20 Eiern, wobei junge Weibchen weniger Eier pro Gelege (vier bis zwölf) produzieren als ältere (größere) Exemplare. Setzt eine Kornnatter ein zweites Gelege ab, so ist dieses meist deutlich kleiner als das erste. ENGE (1986) berichtet von einer

Abb. 112. Meist werden bis zu 20 Eier abgesetzt ("Sunglow"). Fotos: D. Bohle

Abb. 113. Weibchen während der Eiablage ("Bloodred"). Foto: D. Bohle

Abb. 114. Weibchen kurz nach der Eiablage. Foto: P. Berg

Kornnatter (150 cm Gesamtlänge) aus Florida, die kurz nach ihrem Fang 37 Eier absetzte. Das größte bekannte Gelege einer Kornnatter umfasste 45 Eier, die alle zum Schlupf kamen (LOVE & LOVE 2000).

Das Weibchen investiert viel Energie und Körpersubstanz in die Produktion der Gelege. Der Gewichtsverlust des Weibchens bei der Eiablage beträgt 30-50%. Damit sich das Tier nach der Ablage rasch wieder erholt, muss auf eine hochwertige und ausreichende Ernährung geachtet werden. Ansonsten droht der Ausfall dieses Tieres in der nächsten Fortpflanzungssaison oder gar der Verlust des Weibchens durch die übermäßige Entkräftung.

Inkubation und Schlupf

Brutpflege stellt bei Schlangen eine Ausnahme dar. Lediglich bei Pythons und einigen Viperiden ringelt sich das Muttertier um seine Eier, bewacht sie und reguliert die Feuchtigkeits- und Temperaturbedingungen des Geleges (KÖHLER 2004). Ansonsten legen ovipare Schlangenweibchen ihre Eier an einer möglichst günstigen Stelle ab, wo für diese vorteilhafte Temperatur- und Feuchtigkeitsbedingungen herrschen. Damit ist ihre „Schuldigkeit" getan, und die Eier und auch später die Jungschlangen sind auf sich allein gestellt.

Kornnattereier sind von einer äußeren flexiblen, lederartigen Schale umgeben, sie sind also weichschalig. Die Eischale besteht aus einer inneren proteinhaltigen Faserschicht (Eimembran) und einer äußeren Lage, die überwiegend aus Calciumcarbonat aufgebaut ist. Die Eischale hat die Aufgabe, den Inhalt vor mechanischen und mikrobiellen Einflüssen zu schützen, sowie dem Ei mechanische Festigkeit zu geben und

Abb. 115. Das kleine, frischabgelegte Ei stammt von einer Kornnatter aus der Blood-red-Linie. Das große Ei steht kurz vor dem Schlupf, stammt aber auch aus einer anderen Linie, die größere Eier produziert.
Foto: D. Bohle

es somit in Form zu halten. In der Eischale sind Poren vorhanden, durch die vor allem der Flüssigkeits- und Gasaustausch stattfindet. Reptilieneier beinhalten große Dottermengen, und zwar wesentlich mehr Dotter (50-70% Überschuss) als der Embryo für seine Entwicklung bis zum Schlupf benötigt. Die überschüssige Dottermenge dient dem frisch geschlüpften Jungtier als Energiereserve während der ersten Lebenswochen. Der Dotter ist darüber hinaus ein wichtiger Speicher für Vitamine, Mineralstoffe und Spurenelemente.

Im Terrarium abgesetzte Kornnattereier werden künstlich inkubiert. Dazu werden sie vorsichtig – und ohne das nach der Eiablage geschwächte Weibchen unnötig zu beunruhigen– aus dem Terrarium in einen Inkubationsbehälter und anschließend in den Inkubator überführt. Meist kleben die Kornnattereier zusammen, sodass die ganze "Eitraube" vorsichtig und ohne sie zu drehen in das Inkubationsbehältnis gelegt werden kann. Einzelne Eier sollten vor dem Überführen mit einem weichen Bleistift auf der Oberseite markiert werden.

Während der gesamten Inkubationszeit sollten die Eier nicht gedreht werden.

Abb. 116. Deutlich ist die Keimscheibe zu erkennen. Foto: D. Bohle

Abb. 117. Größenvergleich: Hühnerei neben frisch abgelegten Kornnattereiern.
Foto: P. Berg

Inkubatoren kann man sowohl im Handel erwerben als auch selbst bauen. Als **Inkubationssubstrat** kann man künstliche Stoffe wie z.B. Vermiculite, Perlite oder Schaumstoffwürfel oder auch natürliche Materialien wie z.B. Sphagnummoos, Erde, Seramis oder ein Sand-Torf-Gemisch verwenden. Wichtig ist, dass das Substrat ein ausreichendes Feuchtigkeitsspeicherungsvermögen, für Mikroorganismen hingegen keine gute Eignung als Nährboden aufweist. Die künstlichen Substrate sollten sauber sein und können durch Hitzeeinwirkung (sofern das Material das zulässt) desinfiziert werden. Keinesfalls dürfen chemische Desinfektionsmittel zum Einsatz kommen.

Um die Eier auszubrüten, sollten **Temperaturen** zwischen 26 °C und 30 °C herrschen, wobei Werte um 28 °C am günstigsten sind. Länger anhaltende Temperaturen über 30°C können dem Embryo schaden. Eine Nachtabsenkung von etwa fünf Grad ist zwar nicht nötig, wird aber von manchen Züchtern empfohlen, da dies den natürlichen Inkubationsbedingungen entspricht und möglicherweise vitalere Jungtiere ergibt.

Abb. 118-119. Die Eier werden direkt nach der Ablage in Inkubationsboxen auf Vermiculite gelegt (oben Eitraube; unten einzeln). Fotos: D. Bohle

Ein weiterer wichtiger Faktor für die Inkubation der Eier ist die **Substrat- und Luftfeuchtigkeit**. Der Wassergehalt eines Substrates kann in der absoluten Wassermenge pro Gewichts- oder Volumeneinheit Substrat gemessen und angegeben werden (g/g oder g/l). Entscheidender ist aber die Wassermenge im Substrat, die dem Ei auch tatsächlich zur Verfügung steht, was in Form des Wasserpotentials (entspricht dem Saugdruck des Substrats, Einheit Pascal [Pa]) ausgedrückt wird. Das Wasserpotential des Reptilieneies beträgt etwa -800 kPa (ACKERMAN et al. 1985). Ist das Wasserpotential im Substrat deutlich negativer als -800 kPa (trockener), so wird dem Ei Wasser entzogen. Ist der Wert im Substrat deutlich positiver (z.B. -200 kPa), so nimmt das Ei Wasser auf. Abhängig von der Substratfeuchtigkeit kommt es im Laufe der Inkubation folglich entweder zu einem Wassermangel oder zu einem Wasserüberschuss im Ei. Da die wenigsten Kornnatterpfleger die Möglichkeit haben, das Wasserpotential des Substrats festzustellen, sind die Grafiken in Köhler (2004) als Richtwerte hilfreich: bei der Verwendung

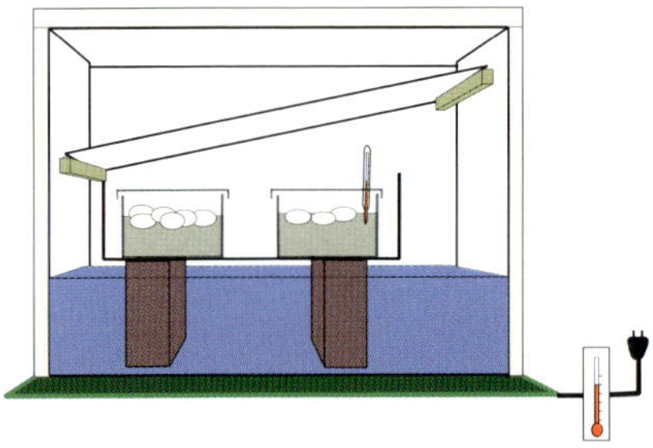

Abb. 120. Die **Aquarienmethode** ist eine der einfachsten Methoden zum Ausbrüten von Reptileneiern. Ein Aquarium wird mit Wasser gefüllt (ca. 10 cm). Auf Abstandhalter wird ein Behälter gestellt, in den man die Inkubationsbehältnisse (gefüllt mit Vermiculite) platziert. Eine Heizmatte sorgt für eine Temperatur von ca. 28 °C im Inkubationsbehälter (Thermostat einsetzen!)

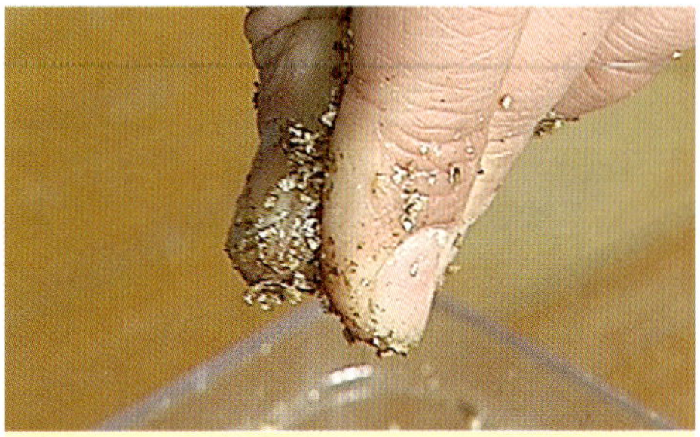

Abb. 122. Prüfung der Substratfeuchte.
Foto: U. Dreutler

von Vermiculite (Körnung 4-7 mm; im Zoofachhandel erhältlich) gibt man 50 bis 100 ml Wasser zu einem Liter (= knapp 100 g) Substrat, womit ein Wasserpotential von –400 bis -550 kPa erreicht wird. Dies ist ein für Kornnattereier günstiger Wert. Wenn man das Substrat zwischen den Fingern drückt, soll es sich feucht anfühlen, es darf aber kein Wasser herausrinnen.

Schließlich ist noch für ausreichende **Belüftung** des Geleges zu sorgen, entweder durch kleine Lüftungslöcher im Inkubationsbehälter oder durch dessen kurzfristiges Öffnen alle zwei bis drei Tage.

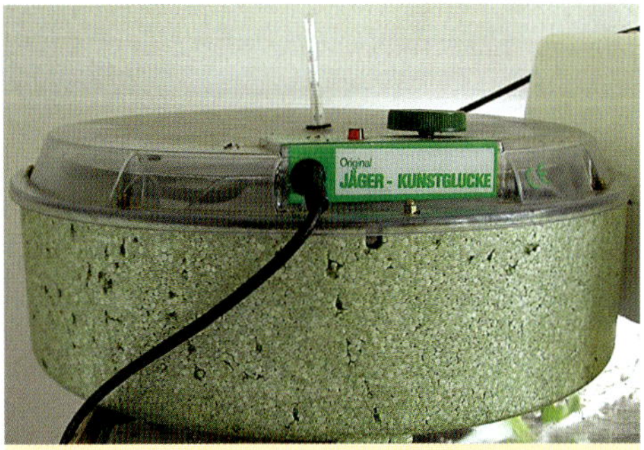

Abb. 121. Brutapparat aus dem Handel.
Foto: K. Grießhammer

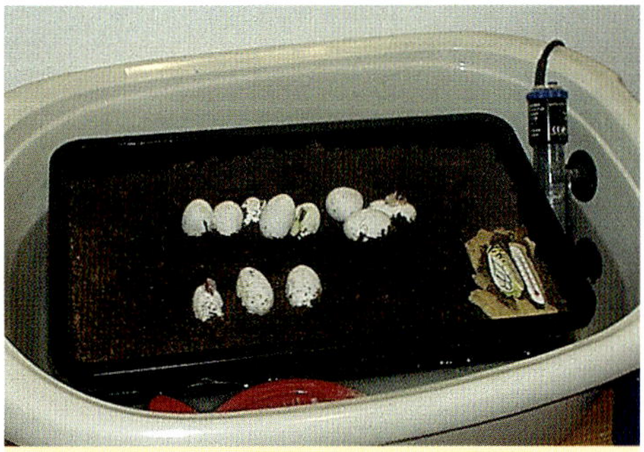

Abb. 123. Brutapparat Marke "Eigenbau" (Deckel abgenommen). Foto: P. Berg

Die **Dauer bis zum Schlupf** der Jungschlangen ist von der Inkubationstemperatur abhängig und liegt in der Regel bei 60 bis 80 Tagen.

Der Schlupf kündigt sich oft durch ein leichtes Einfallen und Faltenbildung der Eier an. Die Schlüpflinge verfügen über einen Eizahn, mit dem sie die ledrige Schale aufschlitzen (meist Längsschnitte, mitunter auch V-förmige Schnitte auf der Eioberseite). Das Jungtier schiebt zunächst nur die Schnauzenspitze aus der Öffnung und beginnt atmosphärische Luft zu atmen. Nach und nach kommt der Kopf zum Vorschein.

Abb. 124. Der Schlupf kündigt sich durch Schlitze in der Schale und austretendes Eiklar an. Foto: D. Bohle

Abb. 125. Oftmals verharren die Schlüflinge noch bis zu einem Tag (ausnahmsweise 2 Tage) im Ei nachdem sie die Eischale durchbrochen haben (hier Farbvariante "Caramel"). Foto: D. Bohle

Abb. 126. In der Regel schlüpfen die Jungschlangen eines Geleges innerhalb einer Woche (hier Farbvariante "Caramel"). Foto: D. Bohle

Abb. 127. Geschlüpfte Kornnattern der Farbvarianten: "Butter" (hell) und "Amber". Foto: D. Bohle

Bei Störungen ziehen sich die Tiere aber schnell wieder ins Ei zurück; man sollte die Schlüpflinge deshalb in Ruhe lassen. Nach dem Öffnen des Eies verweilen die kleinen Kornnattern noch ein bis zwei Tage im Ei und absorbieren Reste von Eidotter über die Nabelschnur.

Sämtliche Jungschlangen eines Geleges schlüpfen in der Regel innerhalb von einer Woche. Schon wenige Stunden nach dem Schlupf fällt der Eizahn ab. Die frisch geschlüpften Kornnattern weisen eine Gesamtlänge von 20 bis 30 cm bei einer Masse von 5-10 g auf.

Abb. 128. Wildfarbener Schlüpfling. Foto: P. Berg

Abb. 129. Geschlüpfte Kornnattern der Farbvarianten: "Caramel" (dunkel) und "Amber". Foto: D. Bohle

Abb. 130. Kleinere Defekte (z.B. Kalkmangel in der Eischale) beeinträchtigen den Schlupferfolg meist nicht. Foto: D. Bohle

Verdorbene Eier

Nicht alle Eier kommen zum Schlupf. Verdorbene Eier verfärben sich grün-gelblich, weisen eine schmierige Oberfläche, Schimmelpilzbefall und/oder einen unangenehmen Geruch auf. Der Dotter gerinnt und verfestigt sich, was bei weichschaligen Eiern durch Befühlen festzustellen ist. Abgestorbene Eier sind auch oftmals daran zu erkennen, dass das Inkubationssubstrat an der dann meist feucht-schmierigen Schale haftet, was bei gesunden Eiern mit trockener Schale nicht der Fall ist.

Wenn die Eier einzeln im Substrat liegen, empfehlen wir, verdorbene Eier umgehend zu entfernen. Wenn die Eier miteinander verklebt sind, ist es manchmal problematisch, ein abgestorbenes Ei zu entnehmen. In diesen Fällen, insbesondere, wenn sich das abgestorbene Ei in der Mitte des Geleges befindet, kann erwogen werden, es beim Gelege zu belassen. Allerdings besteht dann die Gefahr,

Abb. 131-132. Verdorbene Eier. Oben, angezeigt durch Fleckenbildung (Lüftungslöcher in der Inkubationsbox wurden vergessen!) Fotos: D. Bohle

Abb. 133. Zwischen verschimmelten Eiern schlüpft ein gesundes Jungtier! Foto: P. Berg

Abb. 134. Wenn das Ei mit Schimmel überzogen ist, lässt sich der Inhalt nicht mehr retten. Foto: D. Bohle

Probleme beim Schlupf

In manchen Fällen schaffen es die Jungtiere nicht, selbstständig die Eihülle zu durchbrechen. Da Kornnattern eines Geleges aber zum Teil über eine Woche verzögert schlüpfen, ist es kaum möglich den richtigen Zeitpunkt hierzu zu bestimmen. Wir führen keine Schlupfhilfe durch, da die Gefahr, dass das Ei zu früh geöffnet wird und das Jungtier dadurch abstirbt, zu groß ist.

dass pathogene Keime und giftige Stoffe, die bei der Zersetzung entstehen, auf die gesunden Eier übergehen. Außerdem wird die Gasaustauschfläche der vitalen Eier durch den Kontakt mit abgestorbenen Eiern verringert. Schimmelbildung lässt sich mit Aktivkohle entgegenwirken. Diese wird mit einem Wattestäbchen auf die betroffenen Stellen aufgetragen.

Ein Einfallen der Eier kann durch mangelnde Feuchtigkeit bedingt sein und lässt sich durch schnelles Anheben der Luft- und Substratfeuchte folgenlos ausgleichen. Zu beachten ist allerdings, dass keine Wassertropfen direkt auf die Eier fallen dürfen; dies macht einen „Kondenswasserschutz" erforderlich.

Abb. 135-136. Kurz vor dem Schlupf abgestorbene Jungschlange. Fotos: P. Berg

Aufzucht

Aufgrund des enormen Größenunterschiedes von Elterntieren und Schlüpflingen sind Jungtiere in eigenen Becken getrennt von den adulten Schlangen aufzuziehen. Jungtiere können sowohl einzeln als auch in kleineren Gruppen gehalten werden. Eine Einzelhaltung ist vor allem im Hinblick auf die Fütterung empfehlenswert, da die Jungtiere beim Fressen zunächst recht heikel und nervös sind. Auch der Aspekt der „kannibalischen Übergriffe“ ist hierbei zu beachten (siehe auch „Die Fütterung“, S. 59). Bei der gemeinsamen Haltung von mehreren Jungschlangen sollte die Kontrolle über die Nahrungsaufnahme eines jeden einzelnen Tieres gewährleistet sein.

Abb. 137. Bei der Fütterung können gefährliche Situationen entstehen. Foto: P. Berg

Abb. 138. Werden die Schlangen zum Füttern nicht getrennt, so können sich u. U. mehrere Nattern in ein Beutetier verbeißen. Die Schlangen fressen ihre Beute unterschiedlich schnell und zeigen manchmal Interesse an den halbverschungenen Mäusen ihrer Artgenossen. Der Fütterung ist deshalb stets beizuwohnen, um schnell eingreifen zu können. Foto: P. Berg

Die Aufzuchtbehälter sollten beispielsweise fur 3–5 Schlüpflinge eine Größe von etwa 30 x 20 x 20 cm (L x B x H) aufweisen (s. a. S. 65) und mit der Größe der Tiere mitwachsen (vgl. "Terrariengröße" S. 37). Es eigenen sich sowohl kleinere Terrarien, als auch die sogenannten Faunaboxen – Hauptsache, die Haltungsbedingungen können konstant gehalten werden und die Behälter sind absolut ausbruchssicher. Beleuchtet und beheizt wird am besten mit einem kleinen Strahler der direkt über der Box angebracht wird (Achtung: Gefahr der Überhitzung, Temperatur kontrollieren).

Abb. 140. Unterschiedlich gefärbte Jungschlangen (wildfarben und anerythristisch) aus einem Gelege. Foto: P. Berg

In den ersten Wochen sind etwas wärmere (Tagestemperaturen um 28 °C) und feuchtere Haltungsbedingungen (ca. alle 2 Tage kurz im Terrarium sprühen) als bei den Elterntieren zu empfehlen. Als Bodengrund eignet sich Küchenpapier oder ein natürliches Substrat wie zum Beispiel ungedüngte Blumenerde, Walderde oder ein Sand-Erde-Gemisch. Am besten man bietet unterschiedlich große Versteckplätze an, wie z.B. Rindenstücke, umgedrehte Tonschalen, in die als Eingangsöffnung ein Loch gebrochen wurde, aber auch halbierte Toilettenpapier- oder Küchen-

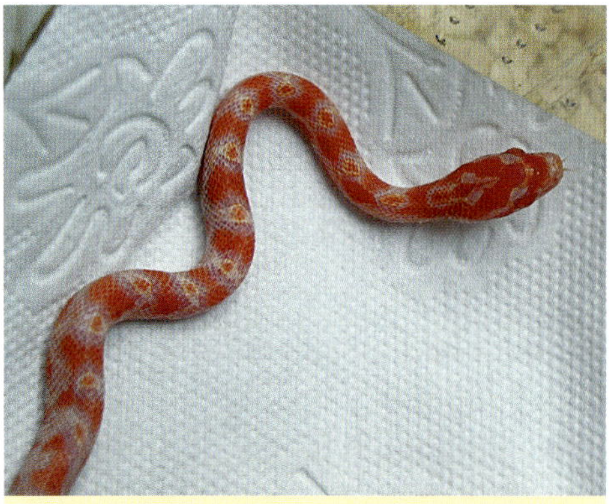

Abb. 139. In den ersten Tagen nach dem Schlupf ist Küchenpapier als Bodengrund zu empfehlen. Foto. P. Berg

Abb. 141. Diese Jungschlange nimmt eine Babymaus aus der Hand an. Foto. P. Berg

papierrollen erfüllen ihren Zweck. Ein Kletterast sowie eine kleine Trinkschale komplettieren die Einrichtung. Die erste Häutung findet innerhalb von ein bis zwei Wochen nach dem Schlupf statt. Ab diesem Zeitpunkt kann den Jungtieren die erste Nahrung in Form von Babymäusen („Pinkies") angeboten werden. Jungschlangen sind hinsichtlich der ersten Fütterungen wie bereits angesprochen zum Teil sehr heikel.

In den ersten Wochen sollten die Jungschlangen alle vier bis acht Tage gefüttert werden, wobei man nicht zu viel auf einmal geben sollte, um eine Überlastung des Verdauungsapparates zu vermeiden.

Das würde zum kräftezehrenden Erbrechen der halbverdauten Beute führen. Immerhin beträgt die Masse einer nackten Maus bis zu einem Viertel der Jungschlangenmasse. Auch zu niedrige Umgebungstemperaturen führen zu ungenügenden Verdauungsleistungen und begünstigen das Auswürgen der halbverdauten Nahrung. Die Größe und Anzahl der Futtertiere nimmt in Relation zum Wachstum der Jungschlange zu, wobei man im Zweifelsfall eher sparsam füttern sollte.

Tipps, die Jungschlange zum Fressen zu bewegen, finden sich auf S. 65–66. Sollte dies nicht helfen, kann man versuchen, die Natter zur Futteraufnahme zu animieren, indem man durch wiederholte Berührungskontakte mit der vorgehaltenen nestjungen Maus an der Schnauze oder den Flanken der Jungschlange Abwehrbisse provoziert. Manchmal beißen die Nattern dann zu

Abb. 142-144. Das Futter kann ins Terrarium gelegt oder mit der Hand angeboten werden. Fotos. P. Berg

Abb. 145. Insbesondere mit jungen Kornnattern muss sehr vorsichtig umgegangen werden. Foto. P. Berg

Generell empfehlen wir, Jungtiere im ersten Jahr noch nicht kalt zu überwintern. Bei hartnäckigen Futterverweigerern kann eine kühle Winterruhe von 3 bis 4 Wochen helfen, den Appetit anzuregen. Diese Winterruhe ist nicht an die Wintermonate gebunden und kann auch künstlich im Herbst simuliert werden (s. a. "Winteruhe", S. 75).

Bei der Vermehrungsfreudigkeit von Kornnattern steht man als erfolgreicher Züchter bald vor der Aufgabe, eine große Zahl hungriger Nachzuchtschlangenmäuler zu befriedigen. Man sollte sich also rechtzeitig Gedanken machen, wie man den Bedarf an nestjungen Mäusen decken kann. Ob der regelmäßige Bezug über den Zoohandel oder die eigene Mäusezucht die Lösung ist, muss jeder für sich selbst entscheiden bzw. erproben.

und halten die Beute fest, wodurch oftmals der Automatismus des Herunterschlingens ausgelöst wird. Oftmals reißt die Schlange als Abwehrreaktion das Maul auf, wenn man sie hinter dem Kopf ergreift. Man kann versuchen, sie dann in eine nestjunge Maus beißen zu lassen.

Vor einer zu frühen Zwangsfütterung von Futterverweigerern muss eindringlich gewarnt werden. Man sollte unbedingt mit viel Geduld und Fingerspitzengefühl vorgehen.

Jungtiere, die innerhalb von sechs bis acht Wochen nicht selbstständig fressen, müssen als letzte Möglichkeit zwangsgefüttert werden (vgl. "Kapitel Futterverweigerung und Zwangsfütterung", S. 65).

Abb. 146. Etwa 1 Jahr alte Kornnatter. Foto: P. Berg

Abb. 147. Wenige Wochen alte Kornnattern ("Amber"– hell, in der Häutung und "Caramel"– dunkel, frisch gehäutet; links unten ist noch eine "Butter" zu sehen). Foto. D. Bohle

Missbildungen

Nachzuchttiere, die Missbildungen aufweisen, sollten gleich nach dem Schlupf eingeschläfert werden. Das sollte man einem reptilienkundigen Tierarzt überlassen, der diese unerfreuliche Aufgabe fachgerecht durchführen kann. Alternativ können sie auch als Futtertiere an Halter von ophiophagen (schlangenfressenden) Schlangen abgegeben werden. „Kümmerer“ sollten aussortiert und von der weiteren Zucht ausgeschlossen werden. Generell sollte man nicht Geschwister zur Zucht bringen, sondern immer versuchen, Tiere verschiedener Elterntiere bzw. Blutlinien zu verpaaren.

Abb. 148. Missgebildete, nicht lebensfähige Kornnattern. Fotos. D. Bohle

Farbvarianten und Zuchtformen

Text: Michael Glaß Fotos: Daniel Bohle

Abb. 149. Die seltene "Lavender Bloodred" verbindet genetische Farb- und Zeichnungsmutationen sowie Aspekte der Auswahlzucht.

Foto: M. Glaß

Ihre Beliebtheit als Terrarienpflegling verdankt die Kornnatter (*Pantherophis guttatus*) nicht nur ihren geringen Ansprüchen an die Haltung und ihrer Umgänglichkeit, sondern vor allem auch der Vielzahl der vorhandenen Farbvarianten. Im Bereich der Reptilien avancierte die Kornnatter in den letzten 30 Jahren zum Inbegriff für die Zucht von Farbvarianten. Dieses Kapitel soll darum einen kleinen Einblick in die Farbzucht an sich und die verschiedenen Farbvarianten der Kornnatter geben.

Genetik

Für die Zucht von Farbvarianten stellt das Wissen über die Genetik eine wichtige Grundlage dar. Die Erfahrung zeigt leider, dass sich viele Terrarianer davor scheuen, sich mit der Vererbungslehre zu befassen. Dadurch bleibt ihnen einer der interessantesten Aspekte der Farbzucht verborgen. Der folgende Abschnitt soll darum so einfach wie möglich in die für den interessierten Halter bzw. Züchter relevanten Bereiche der Genetik einführen.

Grundlagen

Bei allen höheren Pflanzen und Tieren ist die Erbinformation doppelt vorhanden, wobei man den einen Teil als Original, den anderen als eine Art Sicherheitskopie betrachten kann. An einer bestimmten Stelle in der Erbinformation, dem **Locus**, findet man ein Gen, welches für die Ausbildung eines bestimmten Merkmals (z.B. Farbe, Zeichnung) zuständig ist. Da ein Gen in verschiedenen Zuständen vorkommen kann, bezeichnet man einen bestimmten Zustand als **Allel**. Die Allele, die auf natürliche Weise durch Evolution entstehen, bezeichnet man als Wildtyp-Allele.

Für die Farbvariantenzucht hingegen wichtig sind solche Allele, die durch Mutation entstehen und eine oder alle Farben unterdrücken (Teilalbinismen und Albinismen) bzw. verändern (vermindern oder verstärken) oder die Zeichnung beeinflussen.

Durch die doppelt vorhandene Erbinformation kommt ein Allel nie allein, sondern immer paarweise in einem Individuum vor. Sind zwei gleiche Allele vorhanden, bezeichnet man ein Tier in Bezug auf dieses Allel als **reinerbig** oder **homozygot**. Hier kommt es immer zur Ausprägung des durch das Allel bestimmten Merkmals. Sind hingegen zwei unterschiedliche Allele vorhanden, so spricht man von **Mischerbigkeit** oder **Heterozygotie**. Hierbei gibt es verschiedene Varianten, wie sich Allele in Bezug auf die Merkmalsausbildung zueinander verhalten: zwei Allele können sich **dominant-rezessiv** verhalten. Dies bedeutet, dass das Merkmal so sichtbar wird, wie es das dominante Allel vorsieht, das rezessive Allel aber vollkommen unterdrückt wird. Es bleibt dadurch für den Betrachter des Tieres unsichtbar. Alle bisher bekannten genetischen Mutationen der Kornnatter verhalten sich rezessiv gegenüber den entsprechenden Wildtyp-Allelen.

Es gibt jedoch auch zwei Fälle, bei denen es zur Ausprägung einer Mischform der beiden Allele kommt, welche man als **intermediär** und **kodominant** bezeichnet. Eine Unterscheidung der beiden Formen anhand der Optik eines Tieres erweist sich als sehr schwierig und ist in der Praxis der Farbzucht auch nicht notwendig. Man verwendet daher häufiger die englische Bezeichnung „co-dominant“, ohne dabei die beiden Fälle zu unterscheiden.

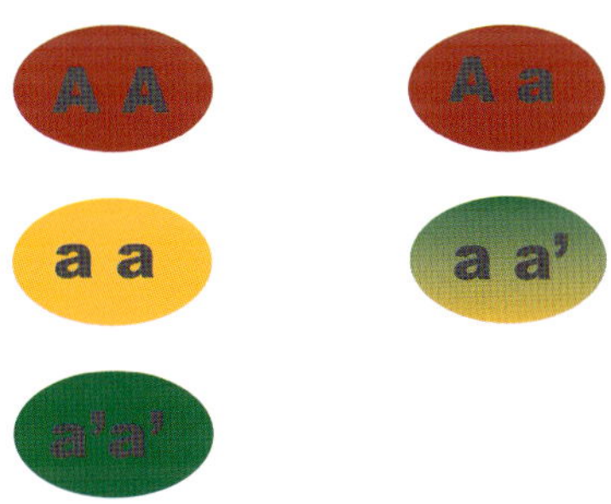

Abb. 150. Dargestellt sind die möglichen Auswirkungen des Verhaltens von Allelen zueinander in rein- (links) und mischerbigen (rechts) Individuen am Beispiel der Farbe. Groß A bezeichnet hier das dominante Wildtyp-Allel, klein a und a' zwei rezessive Mutationen, die sich zueinander codominant verhalten.

Die Mendelschen Regeln

Für die Farbzucht von Reptilien ist die klassische Vererbungslehre, deren wichtigste Eckpfeiler die drei Mendelschen Regeln darstellen, fundamental. Die statistischen Beobachtungen Mendels, die zu den Regeln führten, ergeben sich aus dem Sachverhalt, dass Ei- und Samenzellen nur jeweils die Hälfte der Erbinformationen in sich tragen, welche sich dann bei der Vereinigung der Zellen wieder zu doppelt vorliegenden Erbinformationen verbinden.

Die erste Mendelsche Regel ist die **Uniformitätsregel**. Sie besagt, dass bei der Verpaarung zweier reinerbiger Elterntiere (man bezeichnet diese als Parentalgeneration P) gleiche, also uniforme Kinder entstehen. Man bezeichnet diese erste Generation als Filialgeneration 1 oder kurz F1. Sie sind sowohl in ihrem Aussehen, dem Phänotyp, als auch in ihren genetischen Anlagen, dem Genotyp, gleich. Bei den für uns relevanteren, rezessiven Allelen ergibt eine Verpaarung eines reinerbigen, wildfarbenen Elternteils mit einem reinerbigen, teilalbinotischen Tier nur wildfarbene Jungtiere, die jedoch das rezessive Allel versteckt in sich tragen. Bei kodominant/intermediären Allelen würden alle Tiere in der F1 Generation der Mischform der beiden Allele entsprechen.

Die zweite Mendelsche Regel ist die **Spaltungsregel**. Verpaart man die mischerbigen Tiere der F1 Generation wiederum miteinander, so sind die Nachkommen nicht mehr gleich. Sie gleichen in bestimmten Zahlenverhältnissen dem Phänotyp der Elterngeneration P. Bei dominant-rezessiven Erbgängen, wie in Abb. 152 gezeigt, ist dies das Verhältnis 3:1 (dominant:rezessiv). Dies folgt daraus, dass es zur Ausprägung des rezessiven Allels nur bei den Tieren kommt, welche es reinerbig in sich tragen.

Entscheidend vor allem für die vielen Kombinationen der Farbvarianten ist die dritte Mendelsche Regel, die **Unabhängigkeits- bzw. Neukombinationsregel**. Sie besagt, dass sich Merkmale, die durch Allele auf verschiedenen Genplätzen bestimmt werden, unabhängig voneinander vererben, ohne sich dabei gegenseitig zu beeinflussen. Wie Abb. 153 zeigt, lassen sich dadurch nicht nur die verschiedenen Merkmale der Elterngeneration in der F2 Generation wiederfinden, sondern sie können auch beliebig kombiniert auftreten.

Die Mendelschen Regeln lassen sich auf alle für die Farbvariantenzucht relevanten Fälle anwenden. Man muss nur wissen, ob zwei Mutationen allelisch, also zwei Ausprägungen ein und desselben Gens, oder genetisch unabhängig sind. Da fast alle Farbvarianten genetisch unabhängig sind, lassen sich die Ergebnisse für Verpaarungen schnell und einfach durch verschiedene Verfahren bestimmen: Man kann zum einen eher mathematische Verfahren wie Punnett-Squares (Abb. 153), zum anderen auch graphische Verfahren wie Entscheidungsbäume nutzen, was in einer Abwandlung bei Abb. 151 und Abb. 152 Verwendung fand. Der vom Autor online zur Verfügung gestellte Genetic Calculator verwendet ebenfalls den Ansatz der Entscheidungsbäume und ist vor allem für Verpaarungen mit vielen unabhängigen Mutationen eine

Alternative zu der eher aufwendigen Berechnung auf dem Papier. Solche Programme sollten aber immer als Werkzeug und nicht als Ersatz für fehlendes Wissen angewendet werden.

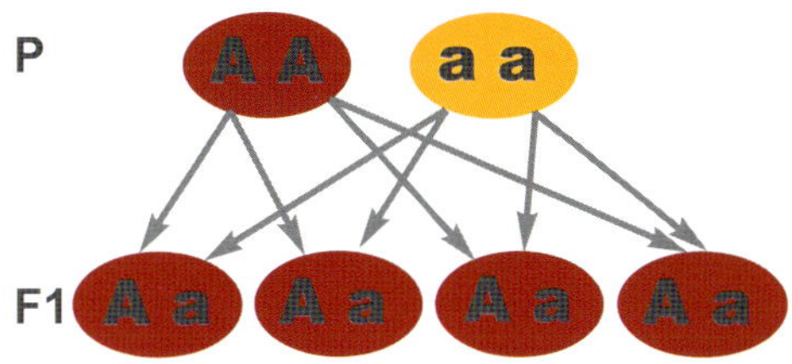

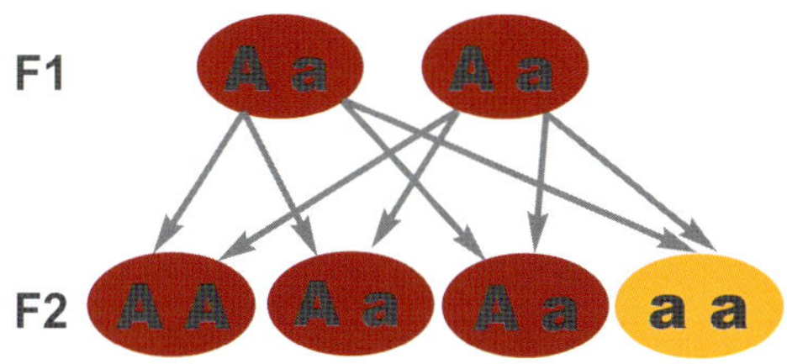

Abb. 151 (oben). Gezeigt ist eine Verpaarung eines wildfarbenen, roten Tieres (zwei Wildtyp-Allele A) mit einem "teilalbinotischen", gelben Tier (zwei rezessive Allele a). Da a rezessiv gegenüber A ist, sind alle Individuen in der F1 Generation wildfarben und spalterbig für a.

Abb. 152. Die Verpaarung zweier spalterbiger Tiere (Aa) bringt neben reinerbigen, wildfarbenen Tieren (AA) auch wiederum wildfarbene, mischerbige (Aa) und reinerbige, "teilalbinotische" Individuen (aa) hervor.

P Generation — aaBB (Farbmutation) — AAbb (Zeichnungsmutation)

	F1 Weibchen: AaBb			
F1 Männchen: AaBb	AB	aB	Ab	ab
AB	AABB	AaBB	AABb	AaBb
aB	aABB	aaBB	aABb	aaBb
Ab	AAbB	AabB	AAbb	Aabb
ab	aAbB	aabB	aAbb	aabb

Abb. 153. Betrachtet werden zwei unabhängige, rezessive Mutationen. Einmal das bereits bekannte "Teilalbino-Allel" a und eine Zeichnungsmutation b, welche durch die Strichelung angedeutet wurde. Das Punnettsche Quadrat kombiniert hierbei jeweils alle möglichen Eizellen des Weibchens mit allen möglichen Samenzellen des Männchens zum Genotyp des Nachkommens.

Abb. 154. “Amelanistic” mit weiß umrandeten Sattelflecken (“Reverse Okeetee”).

Abb. 155. “Hypomelanistic” aus einer Miami Linie (deutlich zu erkennen: die verminderte Bildung des schwarzen Farbstoffs).

Genetische Farbvarianten

Farbvarianten, die auf vererbbaren Gendefekten beruhen, machen die eigentliche Popularität der Kornnatterfarbvarianten aus. Die einzelnen Varianten und ihre Vielzahl an Kombinationsmöglichkeiten üben hierbei eine besondere Faszination aus, die sich immer wieder neu beleben lässt. Generell ist anzumerken, dass zwar alle diese Varianten durch ihren Genotyp bestimmt sind, jedoch trotzdem eine starke Variation im Erscheinungsbild der Tiere vorhanden ist.

Farbmutationen

Die Farbmutationen der Kornnatter lassen sich anhand ihres Aussehens grob in folgende Kategorien einordnen:

amelanistisch: Tiere, die den schwarzen Farbstoff Melanin nicht zeigen

anerythristisch: Tiere, die den roten Farbstoff Erythrin nicht zeigen

hypomelanistisch: Tiere, die nur vermindert den schwarzen Farbstoff Melanin zeigen

Die **Amelanistic** oder häufig ungeschickterweise auch „Albino“ genannte Farbvariante legte den Grundstein für den Einzug von (teil)albinotischen Farbvarianten in unsere Terrarien, nachdem Dr. Bechtel sie 1961 als rezessives Gen nachweisen konnte. Die Amelanistic ist eine der beliebtesten Farbvarianten, da durch das fehlende Schwarz ihr Rot besonders schön und klar zur Wirkung kommt. Der Hintergrund der Tiere ist meist gelb bis orange gefärbt, und die Umrandungen der Sattelflecken sind weiß.

Die bekannteste Vertreterin der anerythristischen Varianten ist die **Anerythristic,** die oft unter dem unpassenden Namen „Black Albino“ angeboten wird. Den Tieren fehlt zwar der rote Farbstoff, sie zeigen aber neben ihrem intensiven Schwarz mit zunehmendem Alter an den Flanken eine gelbe Färbung.

Dem Aussehen nach der Anerythristic sehr ähnlich ist die **Charcoal**, früher auch Anerythristic Typ B genannt, wobei sie jedoch genetisch völlig unabhängig sind. Charcoals zeigen im Gegensatz aber meist kein oder nur sehr wenig Gelb.

Versucht man Anerythristic und Charcoal zu unterscheiden, ist Vorsicht geboten, da es bei beiden Farbvarianten zur Ausbildung oder Abwesenheit von Gelb kommen kann. Unterscheidungsmerkmal ist der bläuliche Schimmer am Kopf der Charcoal und ihre dunklere Iris.

Die **Caramel** sticht vor allem durch ihre scheinbar vermehrte Produktion des gelben Farbstoffs Xanthin ins Auge, weshalb man sie als anerythristisch und hyperxanthisch einstufen könnte. Die Tiere sind ocker bis gold- und dunkelbraun mit schwarz umrandeten Sattelflecken auf gelbem Hintergrund.

Abb. 156. Eine juvenile "Anerythristic" mit typischen gelben Flanken im Halsbereich, die sich im Alter noch ausweiten können.

Abb. 157. Diese juvenile "Charcoal" behält auch im Alter ihre Grautöne und bildet kein Gelb aus.

Abb. 158. Stark gelb und braun mit deutlichen Rändern zeigt sich diese sehr attraktive juvenile "Caramel".

Abb. 159. Juvenile "Lavender" zeigen meist noch deutlich ihre lilafarbenen Töne, die im Alter verschwinden können.

Eine weitere und als letzte entdeckte anerythristische Farbvariante ist die **Lavender**. Diese Farbvariante zeigt als Schlüpfling eine braune Farbe, die im juvenilen Stadium langsam in ein Grau übergeht, wobei die Tiere starke violette und sogar orange Farbtöne zeigen können. Adult sind die Tiere meist grau auf silber-grauem Hintergrund und weniger farbenfroh.

Von den hypomelanistischen Farbvarianten gibt es eine Vielzahl von Formen auf dem Markt. Testverpaarungen zeigten bisher, dass es mindestens vier verschiedene genetisch unabhängige Mutationen gibt. Neben der verminderten Bildung von Schwarz können diese Varianten auch andere Aspekte der Optik wie z.B. die Zeichnung beeinflussen. Die wichtigste, vor allem in Kombination mit den anderen Farbvarianten, und älteste Form ist die **Hypomelanistic** oder kurz **Hypo.** Weiterhin gibt es die **Sunkissed**, die **Lava** und, besonders interessant, die **Ultra**, welche ein co-dominantes Allel zu Amelanistic ist.

Mustermutationen

Die beiden wichtigsten Mustermutationen haben ebenfalls die Eigenschaften, Allele zueinander zu sein – es sind **Motley** und **Striped**.

Bei der **Motley** verschmelzen die Sattelflecken miteinander, was sich in seiner konkreten Ausprägung je nach Zuchtlinie jedoch stark unterscheidet. Es können Längsstreifen entstehen, unterbrochene Vierecke (Cubes) oder ein breites Band mit hintergrundfarbenen Punkten oder lang gestreckten Ovalen. Das Verschmelzen betrifft ebenfalls die Lateralzeichnung.

Bei der **Striped** bildet sich die Zeichnung als vier schmale, meist mehrfach unterbrochene Längsstreifen aus, der Bauch beider Farbvarianten ist hingegen zeichnungslos.

Beide Varianten scheinen außerdem eine hypomelanistische Wirkung auf die Farben der Tiere zu haben. Bisherige Beobachtungen zeigen eine Dominanz von **Motley** gegenüber **Striped**.

Eine weitere wichtige Mustermutation, die sich als rezessives Gen herausstellte, ist die **Bloodred**. Diese Auswahlzucht trägt ein Gen, auch **Diffused** genannt, welches ihre Zeichnung stark verwischen lässt und somit optisch eine Auflösung bewirkt. Der Bauch der **Bloodred** ist ebenfalls zeichnungslos und färbt sich im Alter rot ein.

Kombinationen

Die Kombination von einzelnen Mutationen erfolgt nach einem einfachen System: Kombiniert werden Gene aus jeweils einer Kategorie der Farbmutationen, was es ermöglicht, schrittweise Farben zu eliminieren. Diese kann man weiterhin beliebig mit den vorgestellten Mustermutationen kombinieren.

Vereinigt man zum Beispiel Amelanistic mit einer anerythristischen Farbvariante so erhält man

Abb. 160. Eine “Striped”, deren Zeichnung beim Heranwachsen stark an Kontrast verliert.

Abb. 161. Vergleich der zeichnungslosen Bauchseite von “Bloodred” (links) und “Striped/Motley” (rechts). Deutlich zu sehen das unregelmäßige „creeping red“ der “Bloodred” und der dagegen glatte Rand der “Motleys” und “Stripes”.

Abb. 162. Eine aufgebrochene, teilweise streifige Zeichnung findet man bei dieser "Anerythristic Motley".

Abb. 163. Diese frisch geschlüpfte "Lavender Bloodred" zeigt mit ihrer fehlenden Kopf- und Lateralzeichnung deutlich die Kennzeichen des Diffused Gens.

Abb. 164. Das ausgeprägte Gelb des Caramel Gens kommt durch das fehlende Schwarz in der "Butter" stark zum Vorschein.

Abb. 165 . Das etwas künstliche Aussehen der "Blizzards" ist auf die reinweiße Farbe und das meist völlige Fehlen jeglicher Zeichnung zurückzuführen.

Abb. 166. Ein verhältnismäßig hell gezeichnetes "Ghost" Männchen aus der "Silverqueen"–Linie.

Abb. 167. Ganz in Gelb und Braun hält sich diese "Amber", wobei ihre Farben meist leuchtender als die der Caramel sind.

Tiere, die weder Rot noch Schwarz und teilweise auch kein oder sehr viel Gelb zeigen.

Verwendet man Anerythristic, wäre dies dann die beliebte **Snow**, kombiniert mit Charcoal die reinweiße **Blizzard**, mit Caramel die sehr intensiv gelbe **Butter** und mit Lavender die **Opal**, welche teilweise reinweiß oder sehr bunt in verschiedenen Orangetönen auftreten kann.

Dasselbe Prinzip gilt für hypomelanistische Farbvarianten, hier im Beispiel Hypomelanistic, in Verbindung mit den anerythristischen Genen. Eine so mit Hypomelanistic kombinierte Anerythristic bezeichnet man als **Ghost**, eine Charcoal als **Phantom**, eine Caramel als **Amber,** und bei der Lavender hat sich der kombinierte Name **Hypo-Lavender** durchgesetzt. Fast alle dieser Tiere zeigen durch das verminderte Schwarz häufig viel klarere Farben, bei einigen Formen scheinen sich sogar rötliche und orange Farbtöne zu intensivieren.

Alle diese Formen werden häufig noch mit Motley oder Stripe kombiniert, wobei sich hierbei in den letzten Jahren auch das Bloodred (Diffused) Gen großer Beliebtheit erfreut. Neben den bekannten **Amelanistic Bloodred** oder **Hypo Bloodred** lässt es sich sehr gut mit anerythristischen Farbvarianten, wie z.B. der Charcoal (**Pewter**) oder der Lavender verbinden. Auch Kombinationen mit Butter (**Sulfur**) oder Snow (**Avalanche**) sind bereits geglückt.

Die Möglichkeiten der Kombinationen sind natürlich vor allem durch die vier hypomelanistischen Typen sowie das jeweilige Einbringen der Mustermutationen noch lange nicht ausgeschöpft, und man darf gespannt auf zukünftige Projekte blicken.

Auch bei der **Prärie-Kornnatter** (*Pantherophis emoryi*) wurden in den letzten Jahren genetisch bedingte Farbvarianten entdeckt und weitergezüchtet. Bekannt ist u.a. ein **Amelanistic** Gen, welches unabhängig zu dem der Kornnatter ist, des weiteren verschiedene hypomelanistische Gene, außerdem ein fast melanistisch wirkendes Gen namens **Chocolate** sowie Mustermutationen wie **Reverse Striped**. Sie alle sind in Europa jedoch kaum erhältlich und spielen bisher eine eher untergeordnete Rolle.

Auswahlzuchten

Über die Jahre hinweg haben sich verschiedene Farbvarianten etabliert, welche durch gezielte Auswahlzucht entstanden sind. Hierbei werden die Tiere zur Weiterzucht ausgewählt, die ein oder mehrere bestimmte Merkmale in Farbe und Zeichnung (Zuchtbild) haben, um diese in der nächsten Generation möglichst zu intensivieren. Erschwerend für die Auswahlzucht ist die Flüchtigkeit der besonderen Merkmale bei Verpaarungen mit Tieren, die nicht dieselben Eigenschaften haben, was meist zu einer unberechenbaren Mischung von Merkmalen führt und die Auswahlzucht zerstört. Die Erhaltung und Intensivierung der Merkmale erfolgt darum teilweise durch Verpaarung eng verwandter Indivi-

Abb. 168. Diese juvenile "Pewter" verbindet Charcoal mit Bloodred und besticht bereits durch ihr Silber und den fast völligen Verlust der Zeichnung. Foto: M. Glaß

Abb. 171. Frisch geschlüpfte "Hypomelanistic Bloodred", die bis auf die veränderte Lateralzeichnung von ihrem späteren, einheitlichen Rot noch nicht viel erahnen lässt.

Abb. 169. "Anerythristische Bloodreds" können neben dem typischen Verlust der Zeichnung auch Töne von Rosa und Gelb ausbilden.

Abb. 172. Da es noch keine adulten Exemplare dieser Variante gibt, wird man sich von der Entwicklung dieser frisch geschlüpften "Amber Bloodred" überraschen lassen müssen.

Abb. 170. Oliv und Ocker sind die vorherrschenden Farbtöne der "Caramel Bloodred".

Abb. 173. Die "Sulfur" (genetisch eine "Butter Bloodred") hat ein einfarbiges Gelb zum Ziel (hier wäre weitere Auswahlzucht notwendig).

Abb. 174. Diese “Amelanistic Striped” zeigt ein weniger perfektes Streifenmuster.

Abb. 175. Eine ungewöhnliche Form des Rückenstreifens findet man bei dieser “Ghost Striped Motley”.

Abb. 176. Verbindungen von anerythristischen Genen und Motley oder Stripe sind sehr attraktiv (“Caramel Motley”–Jungtier).

Abb. 177. Das Motley Gen kann die Bildung von Gelbtönen wieder verstärken, was man an dieser “Snow Motley” erkennen kann.

Abb. 178. Eine sehr kontrastarme “Cube Motley”, bei der man das Muster kaum noch erkennen kann.

Abb. 179. Besonders ausgeprägt ist der Kontrast zwischen Streifen und Hintergrundfarbe bei dieser “Anerythristic Striped”.

duen, weshalb hier besonders auf die Gesundheit der Nachzuchten und rechtzeitiges Einbringen von frischem Blut zu achten ist. Probleme für den Käufer macht vor allem die Auslegung der erwünschten Merkmale, welche je nach Anbieter unterschiedlich ist. Die seriöse Züchtergemeinde orientiert sich allerdings stark an gewissen Standards. Letztendlich bieten die besonders attraktiven Namen für viele Verkäufer eine Chance, den Preis nach oben hin zu korrigieren, weshalb hier seitens des Käufers eine gute Vorabinformation sowie eine genaue Betrachtung von Jung- und vor allem Elterntieren angestrebt werden sollte.

Auswahlgezüchtete Naturformen

Als Carl Kauffeld in seinem Buch „Snakes and Snake Hunting“ (1957) von besonders schönen Individuen in einem ca. 10 Quadratmeilen großen Areal auf dem Gebiet des Okeetee Hunt Clubs sprach, begannen Sammler und später auch Züchter mit dem Einfangen von herausstechenden Exemplaren für die Terrarienhaltung. Sie bildeten den Grundstein dafür, wie wir uns heute eine **Okeetee** Kornnatter vorstellen: tiefrote Sattelflecken mit kräftiger, schwarzer Umrandung auf orangem Hintergrund.

Die Diskussion darüber, ob eine “echte” Okeetee ein Tier mit Lokalität oder eine Auswahlzucht nach optischen Kriterien ist, versuchte man dadurch zu entschärfen, dass man begann, Tiere mit Lokalität als Okeetee, auswahlgezüchtete Tiere hingegen als **Okeetee Phase** zu bezeichnen, was sich jedoch auf dem Verkaufsmarkt nie wirklich durchsetzen konnte. Es kristallisiert sich eigentlich immer mehr heraus, dass selbst Tiere aus dem Gebiet des Hunt Clubs im Folgenden von Züchtern so weitergezüchtet werden, dass sie dem optisch gewohnten Bild einer Okeetee Phase entsprechen. Darum kann man die Okeetee als eine Auswahlzucht von Tieren einer Naturform in Kombination mit Tieren sehen, die in ihr Zuchtbild passen. Züchter, die für ihre Zucht explizit nur Tiere vom Gebiet des Hunting Clubs verwenden, bezeichnen ihre Nachzuchten häufig als **locality Okeetee**. Dasselbe gilt fast analog für die **Miami** Farbvariante, deren Ursprünge in besonders schönen Tieren süd- und westlich von Miami liegen. Die Tendenz zu einer bestimmten Farbgebung wurde von den Züchtern geschickt genutzt, um durch eine Auswahlzucht wunderschöne Miamis mit roten oder orangen Sattelflecken sowie schmalen, aber tiefschwarzen Sattelfleckenumrandungen auf silbernem Hintergrund zu kreieren.

Auswahlzucht mit Zuchtbild

Bei diesen Farbvarianten handelt es sich um Auswahlzuchten, die bestimmte optische Merkmale erfüllen müssen, ohne dabei an bestimmte Lokalitäten oder Zuchtlinien gebunden zu sein. Das optische Erscheinungsbild allein ist somit ausschlaggebend.

Die bekannteste auswahlgezüchtete Farbvariante ist wohl die **Bloodred.** Wie bereits beschrieben, werden hier ein rezessives Gen und eine starke

Abb. 180. Mit besonders ausgeprägten Rändern und kräftigem orangen Hintergrund präsentiert sich diese “Okeetee”. Foto: Stefan Moeller

Abb. 181. Gut zu erkennen ist der starke Kontrast zwischen Hintergrund und Sattelflecken dieser “Miami Phase”.

Auswahlzucht miteinander verbunden, die ein tiefes Rot sowie das Verschwinden jeglicher Zeichnung zum Ziel hat. Probleme innerhalb der alten Zuchtlinien löste man Anfang der 1990er Jahre durch intensives Auskreuzen der Tiere.

Besonders beliebt sind Auswahlzuchten von amelanistischen Kornnattern. Hier reicht das Spektrum von der **Sunglow,** die ganz ohne Weiß und nur in Rot und Orange auftritt, bis hin zur **Candy Cane**, welche je nach Typ rote oder orange Sattelflecken auf einem ansonsten reinweißen Hintergrund zeigt. Tiere, die einen orangen Hintergrund, rote Sattelflecken und dicke weiße Sattelfleckenumrandungen zeigen, könnte man sich leicht als eine Okeetee vorstellen, bei der das Schwarz der Linien durch Weiß ausgetauscht wurde – daher der Name **Reverse Okeetee**. Weitere Auswahlzuchten in Bezug auf Farbe sind die **Pastel Ghost**, genetisch eine Ghost Motley, die rötliche und orange Pastelltöne zeigt, oder die **Pink and Green Snow**, welche rötliche und/oder grünliche Farbtöne hat.

Im Bereich der Zeichnungsmutationen findet man vor allem die **ZigZag**, eine Verbindung der Sattelflecken zu einem Zickzackband, und die **Aztec**, bei der ein völliges Aufbrechen der Zeichnung stattfindet.

Bei den Motleys findet man die vor allem in Europa häufig falsch bezeichnete **Hurricane**. Es sind weitgehend einfarbige Motleys, auf deren Rücken dunkle Ringe („Donuts“) gezeichnet sind.

Auswahlzuchten aus Zuchtlinien

Einige Züchter haben aus speziellen Linien, die sie pflegen, eigene Varianten herausgezüchtet. Bei diesen spielt nicht nur das möglichst besondere Aussehen eine Rolle, sondern eben auch deren Abstammung. Leider werden, vor allem in Europa, viele Tiere wegen ihrer Optik diesen Varianten zugeordnet, obwohl sie nicht aus den originalen Zuchtlinien stammen.

Zwei der bekanntesten Varianten stammen von Rich Zukowski: es sind die **Silverqueen** (silberne Ghost Tiere ohne Gelb, die einer speziellen Miami Linie entstammen) und die **Fluorescent Orange** mit besonders auffälligem orangen Hintergrund, die der Reverse Okeetee ähnelt. Ein weiteres Beispiel hierfür ist caramelfarbene **Butterscotch** aus der Zucht von Don Soderberg.

Hybridzucht

Leider wird die Zucht von Farbvarianten auch immer wieder mit der Zucht von Hybriden (Nachkommen von Tieren unterschiedlicher Unterarten, Arten oder gar Gattungen) in Verbindung gebracht. Bekannte Varianten wie die **Creamsicle** (amelanistische *P. emoryi x P. guttatus*), die **Frosted** (*P. guttatus x P. obsoletus*) oder gar Gattungshybriden wie die **Jungle Corns** (*P. guttatus x Lampropeltis spec.*) sollten darum klar als Hybriden definiert und verkauft werden, um die Entscheidung, solche Tiere zu halten und zu züchten, jedem selbst zu überlassen.

Abb. 182. Diese adulte “Bloodred” zeigt besonders gut das tiefe Rot der Auswahlzucht und die stark verminderte Zeichnung .

Abb. 183. Bei dieser “Aztec” sieht man deutlich, wie sich die Zeichnung komplett in ein unregelmäßiges Muster auflöst.

Krankheiten bei Kornnattern

Grundsätzlich ist die Kornnatter eine sehr anpassungsfähige und robuste Schlangenart und erkrankt bei artgerechter Haltung nur selten.

Prinzipiell muss möglichen Erkrankungen durch eine artgerechte Haltung und Ernährung vorgebeugt werden. Im Krankheitsfalle beziehungsweise bei dem Verdacht auf einen solchen, ist umgehend ein reptilienkundiger Veterinärmediziner zu konsultieren.

Die Erfahrung mit der Behandlung von Reptilien ist insofern wichtig, da „normale" Tierärzte auf diesem Gebiet meist überfordert sind. Adressen von kundigen Tierärzten erhält man durch andere Schlangenhalter und die DGHT.

Es sei nochmals darauf hingewiesen, dass gewisse Hygieneregeln im Umgang mit Kornnattern, wie auch mit anderen Haustieren, selbstverständlich sein sollten (Händewaschen, etc.).

Maulentzündung bzw. **Maulfäule** wird durch Bakterien (v.a. *Aeromonas, Citrobacter, Klebsiella, Proteus* und *Pseudomonas*) ausgelöst, die auch bei gesunden Tieren nachgewiesen werden können (KÖHLER 1996). Bei Tieren mit einem schwachen Immunsystem (z.B. bedingt durch falsche Haltung, Vitaminmangel oder Stress) kann die Krankheit dann ausbrechen. Nicht frühzeitig behandelte Maulfäule hat schwere Schäden (des Kopfes) und in der Regel den Tod des Tieres zu Folge. Erkrankte Tiere müssen unbedingt einem reptilienerfahrenen Tierarzt gezeigt werden. Typische Symptome sind ein leicht geöffnetes Maul, gerötetes Zahnfleisch, leise Atemgeräusche und Unlust am Fressen. Eine leichte Entzündung lässt sich auch mit einem Essig-Wasser-Gemisch (im Verhältnis eins zu drei) behandeln. Das Gemisch wird zwei- bis dreimal täglich vorsichtig auf den entzündeten Gaumen aufgetragen. Hierzu wird die Kornnatter

Abb. 184-185. Typische Symptome der Maulfäule sind u.a. ein leicht geöffnetes Maul und gerötetes Zahnfleisch.
Fotos: B. Rüschoff

in der Hand fixiert und ihr mit der Längsseite eines in der Flüssigkeit getränkten Wattestäbchens das Maul geöffnet. Mit diesem kann nun vorsichtig die Mundhöhle des Tieres betupft werden.

Wie die Maulfäule betrifft die bakteriell bedingte **Lungenentzündung** (Pneumonie) Schlangen, deren Immunsystem durch Stressfaktoren wie zu kühle Haltung, ungenügende Hygiene, Parasitosen und/oder Mangelerscheinungen geschwächt ist. Typische Symptome sind Atmen mit geöffnetem Maul, Atemgeräusche, übermäßig viel Schleim im Maul und eine Rötung der Luftröhre. Aufgrund des Fehlens eines Zwerchfells ist ein Reflexhusten zur Hinausbeförderung von Schleim und Exsudat (entzündliche Ausschwitzung) bei Reptilien nicht möglich. Man findet deshalb bei an chronischer Pneumonie erkrankten Reptilien meist große Flüssigkeitsansammlungen in den sackförmigen Lungen und Lungensäcken.

Vor Beginn einer Behandlung sollte für die bakteriologische Untersuchung eine Tupfer- oder Spülprobe aus der Luftröhre (Trachea) entnommen werden. Entsprechend dem Ergebnis des Resistenztests wird das Tier mit einem Antibiotikum behandelt. Wichtig ist vor allem auch die unterstützende Therapie (Temperatur, Luftfeuchtigkeit, Vitamin C, Infusionen), wobei zusätzlich eine Inhalation zu empfehlen ist. Dazu kann der Dampf eines Ultraschall-Inhalators direkt in den Behälter der Schlange geleitet werden. Der Trägerflüssigkeit werden einige Tropfen ätherischer Öle und ein Breitbandantibiotikum (z.B. Gentamicin) beigefügt.

Jeder Schlangenhalter wird irgendwann einmal mit **Häutungsproblemen** seiner Schlangen konfrontiert. Der häufigste Auslöser für diese Probleme ist eine zu trockene Haltung. Häutet sich eine Schlange nicht, obwohl sich bereits überall am Körper Hautfetzen ablösen, sollte im Terrarium gründlich gesprüht werden und auch das Tier mit warmen Wasser benetzt werden. Hat bis zum nächsten Tag noch keine Häutung stattgefunden, wird das Tier gebadet. Die Wassertemperatur sollte zwischen 25°C und 28°C, die Dauer des Bades bei etwa zehn Minuten liegen. Die Schlange wird sich dann in den meisten Fällen innerhalb von ein bis zwei Tagen selbstständig häuten. Häutet sich eine Kornnatter nicht vollständig, müssen die Häutungsreste entfernt werden. Zunächst gilt es auch hier, der Schlange dies durch kräftiges Sprühen im Terrarium selbst zu ermöglichen. Ansonsten kann ebenfalls das oben beschriebene Bad helfen. Die Problemstellen müssen dabei natürlich auch unter Wasser kommen, allerdings ohne die Natter zu ertränken. Anschließend kann die Schlange manuell fertig gehäutet werden (z.B. unter Zuhilfenahme einer Pinzette).

Vor allem empfindlichen Stellen wie Augen und Schwanzspitze (die leider oft die unvollständig gehäuteten Bereiche darstellen) kommt dabei besondere Vorsicht zu. Häutungsreste am Körper der Schlange werden gut abgelöst, wenn diese nach dem Bad durch ein Handtuch „geschleust“ wird. Auch hier ist ein vorsichtiger Umgang mit dem zarten Schlangenkörper selbstverständlich.

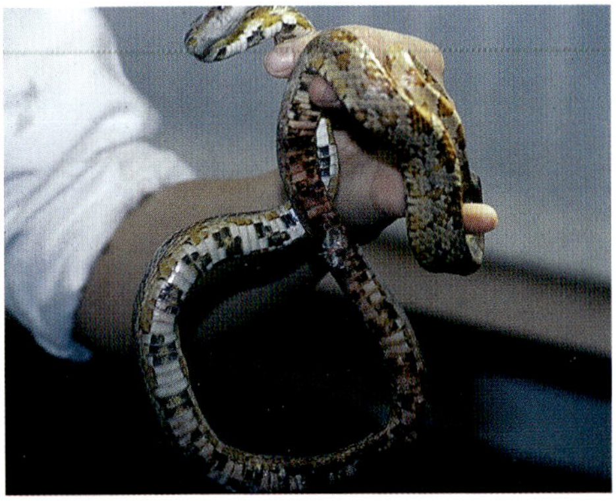

Abb. 186-187. Mykotische (oben) und bakterielle (unten) Hautentzündung.
Fotos: B. Rüschoff

Insbesondere bei zu feuchter Haltung kann es zu **bakteriellen oder mykotischen Hautentzündungen** kommen. Hautpilzerkrankungen (Mykosen) gehen oftmals mit Rötungen und borkiger Verdickung der betroffenen Bereiche einher. Vor dem Auftragen von Medikamenten müssen diese Beläge vorsichtig gründlich entfernt werden. Zur Behandlung von Hautmykosen können Antiseptika (z.B. Betaisodona-Salbe) oder Antimykotika eingesetzt werden (Köhler 1996). Bakterielle Hautentzündungen sollten nach Resistenztest mit Antibiotika behandelt werden. In jedem Falle muss ein reptilienkundiger Tierarzt hinzugezogen werden.

Wenn das trächtige Weibchen sein Gelege über den normalen Ablagezeitpunkt hinaus im Körper behält und nicht mehr in der Lage ist, die Eier ohne Hilfe abzusetzen, spricht man von **Legenot**. Nicht abgesetzte beschalte Eier können nicht mehr resorbiert werden. Ihr Inhalt verkäst, und sie verkleben mit dem Eileiter. Nach zwei bis vier Wochen stirbt das Weibchen schließlich an einer eitrigen Eileiterentzündung, meist in Verbindung mit einer Bauchfellentzündung. Ursächlich für eine Legenot kommen ungeeignete Eiablageplätze (falsche Temperatur- oder Feuchtigkeitsverhältnisse, falsches Substrat, zu ungeschützt), Stressfaktoren (Anwesenheit von Artgenossen, häufiges Handling durch den Pfleger), Mangelerscheinungen (Vitamin- und Mineralstoffmangel) und unbefruchtete bzw. abnorme Eier (zu groß, missgestaltet, miteinander verbundene Eier, s. Abb. 188) in Frage. Tiere mit Verdacht auf Legenot müssen umgehend einem reptilienkundigen Tierarzt vorgestellt werden, der dann die adäquate Therapie – medikamentös mit Oxytocin- und Calciumgaben oder chirurgisch – durchführen kann (Estes 1980, Mennes 1985, Maas 1987).

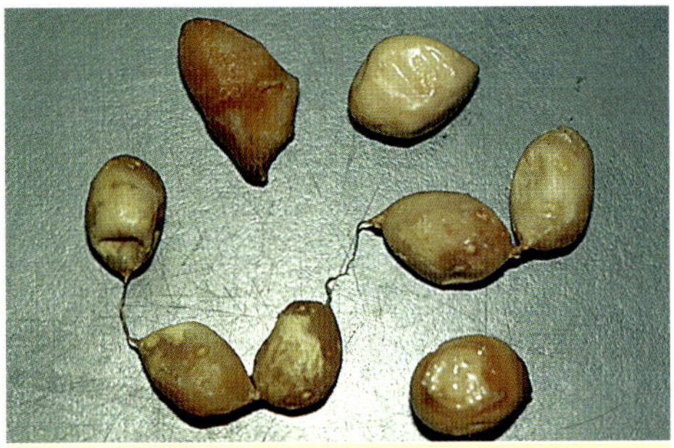

Abb. 188. Anomales Gelege einer Kornnatter. Die Eier sind fädig verbunden. Foto: G. Köhler

Abb. 189-190. Als letzte Möglichkeit der Behandlung der Legenot bleibt nur noch die Operation durch den Tierarzt.
Fotos: B. Rüschoff

Milben (v.a. *Ophionyssus natricis*) sind nicht nur lästig, sondern können durch den Entzug von Blut und Lymphe, lokale Hautinfektionen und Häutungsprobleme zu ernsthaften Erkrankungen führen. Zur Behandlung von Milben werden überwiegend Organophosphate eingesetzt, die über eine Störung der Reizübertragung von Nerv auf Muskel durch Hemmung des Enzyms Acetylcholinesterase zur Lähmung und schließlich zum Tod des behandelten Tieres (im günstigsten Fall der Milbe) führen. Man nutzt bei der Milbenbehandlung den Effekt, dass der Wirkstoff die Chitinhaut der Milben und Insekten schneller durchdringt als die Hornhaut der Reptilien. Dadurch werden in der Milbe in kürzerer Zeit höhere und somit giftigere Konzentrationen erreicht als bei dem im gleichen Becken sitzenden Reptil. Entsprechend sind diese Mittel nicht ungefährlich und haben bereits mehrfach zu Todesfällen bei Reptilien geführt.

Häufig wird Neguvon (Wirkstoff Trichlorphon) eingesetzt; man kann ein Leinensäckchen in einer 0,2%igen wässrigen Neguvon-Lösung tränken, anschließend vollständig trockenen lassen und die Natter für mehrere Stunden in das Säckchen setzen. Alternativ können Insektenstrips mit dem Wirkstoff Dichlorvos zum Einsatz kommen. Wichtig bei jeder Milbenbehandlung ist, das Terrarium so weit wie möglich auszuräumen. Unbedingt muss der Bodengrund entfernt werden, damit den Milben keine Rückzugsgebiete bleiben, von denen aus sie nach Abschluss der Behandlung immer wieder erneut ihren Siegeszug antreten können. Man bringt den Insekten-Strip so in das Terrarium, dass die Reptilien keinen direkten Zugang zu ihm haben.

Unbedingt muss man während der Behandlung seine Tiere genau beobachten, um Veränderungen im Ver-

Abb. 191. Milbe unter dem Mikroskop.
Foto: G. Köhler

halten, die im Frühstadium einer Organophosphat-Vergiftung auftreten, feststellen zu können. Hierzu gehören Übererregbarkeit, Apathie und Nahrungsverweigerung. Schreitet die Vergiftung fort, beobachtet man Muskelzittern und Koordinationsstörungen. Die Tiere bewegen sich dann, als wären sie betrunken. Schon bei ersten Symptomen muss die Behandlung abgebrochen werden, der Dichlorvos-Strip entfernt und das Terrarium gut belüftet werden. Das zur Reizübertragung notwendige Enzym Cholinesterase wird zwar irreversibel gehemmt, da es aber ständig nachgebildet wird, ist die Vergiftung als solche reversibel. Deshalb verschwinden die Symptome im Verlauf von Tagen und Wochen, je nach Schwere der Intoxikation. Bei sorgfältiger Beobachtung der Terrarieninsassen wird man eine Dichlorvos-Vergiftung im Anfangsstadium erkennen und so Gesundheitsschädigungen bei seinen Reptilien verhindern können. Da das Dichlorvos nur gegenüber den Milben und deren Larven, nicht aber gegenüber Milbeneiern wirksam ist, muss die Behandlung lange genug durchgeführt werden, um erfolgreich zu sein. Es empfiehlt sich, den Insekten-Strip jeweils eine Woche anzuwenden, dann eine Woche Pause einzulegen und daraufhin die Behandlung noch einmal zu wiederholen. HALLMEN (2000) berichtet über Erfahrungen mit dem als schwächer und verträglicher beurteilten Frontline (Wirkstoff: Fipronil), das in der Apotheke erhältlich ist. Das Medikament (1:1 mit Wasser verdünnt) wird auf Einrichtung und Schlangen gesprüht. Eine Wiederholung der Behandlung nach 12-14 Tagen ist notwendig. Völlig ungefährlich ist aber auch dieses Medikament nicht; bei HALLMEN (2000) kam es bei der unverdünnten Frontline-Behandlung zu einem Todesfall bei seinen *Nerodia*-Jungtieren.

Alternative zur Behandlung von Milben am Tier: man läßt die Natter durch ein mit Sonnenblumenöl getränktes Tuch kriechen (3x je 3 Tage [1x tägl.] mit einer Woche Pause dazwischen); das Öl verstopft die Atemöffnungen der Milben, wodurch diese absterben. Unbedingt muss das Terrarium ausgeräumt und entsprechend behandelt werden (s. oben), um die dort vorhandenen Milben und Milbeneier abzutöten.

Eine Reihe von **Endoparasiten** können bei Kornnattern nachgewiesen werden. Bei einer parasitologischen Kotuntersuchung können die Dauerformen (Amöbenzysten, Coccidienoozysten, Helmintheneier) und auch bewegliche Stadien (z.B. Flagellaten) entdeckt werden. Je nachdem, um welche Parasiten es sich handelt, wird der Tierarzt gezielt Antiparasitika verordnen. Gegen die meisten Nematoden (Fadenwürmer) wirkt Panacur (50 mg Fenbendazol/kg KM [Körpermasse]).

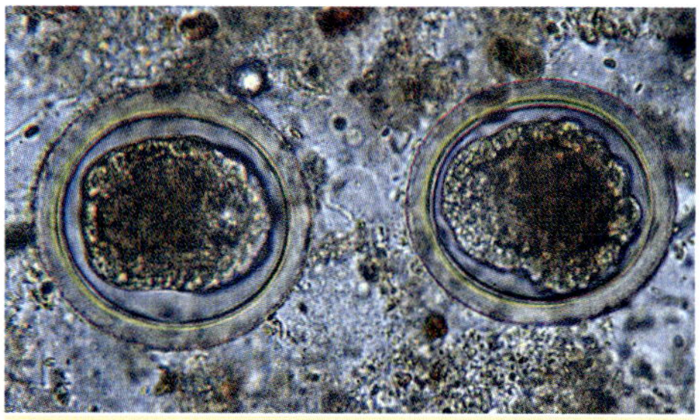

Abb. 192. Parasitenstadien, wie diese Askarideneier können im Kot nachgewiesen werden. Foto: G. Köhler

Der neue Hausbewohner:

Andere Menschen und Schlangen

Viele Menschen reagieren sehr emotional auf Schlangen – oft aufgrund von Vorurteilen. Wenn man selbst mit der Schlangenhaltung anfängt, wird man merken, mit welch unterschiedlichen Einstellungen Freunde, Bekannte und auch die eigene Familie den Tieren gegenüber treten. Die einen werden, wenn sie davon erfahren, versuchen, sich selbst zu Kaffee und Kuchen einzuladen, um diese interessanten Geschöpfe einmal zu Gesicht zu bekommen. Andere dagegen werden androhen, nie wieder das Haus des Schlangenhalters zu betreten. Während gegen das erste Beispiel nichts einzuwenden ist, erscheint das zweite sehr dramatisch. Wenn sich der „Schlangenängstling" nicht von seinen Vorurteilen befreien und dazu überreden lässt, sich doch selbst ein Bild von der völlig ungefährlichen Kornnatter – durch die Scheiben hindurch – zu machen, besteht immer noch die Möglichkeit, das Terrarium in einem anderen Zimmer zu deponieren, wenn es nicht ohnehin schon dort steht, oder es mit einem Tuch abzudecken. Der Großteil der Menschen wird der Schlangenhaltung zwar nicht panisch oder völlig abweisend, aber doch etwas skeptisch gegenüber stehen. Meist lohnt es sich, ein wenig Aufklärungsarbeit zu leisten. Unter Umständen möchte sich so mancher dann näher mit dieser „Materie" beschäftigen.

Kinder und Kornnattern

Während sich viele Erwachsene bereits eine Meinung von Schlangen gebildet haben, sei es mit oder ohne Fachkenntnis, sind Kinder meist für alles Neue offen und begegnen Schlangen mit unbefangenem Interesse. Selten haben Kinder Vorurteile oder gar Angst vor ihnen und wenn doch, findet sich die Ursache dafür in der Regel im Elternhaus oder spätestens in Kindergarten oder Schule. Aus diesem Grund bietet es sich an, bereits Kindern Schlangen näher zu bringen. Leider wird ihre Umwelt immer mehr durch Fernseher und Computer bestimmt, direkte Erfahrungen mit der Natur sind selten. Zwar sind Kinder von dem Anblick einer Schlange fasziniert, aber sie haben meist das dringende Bedürfnis, diese auch anzufassen. Wie bereits im Kapitel „Umgang mit Kornnattern" (S. 24) angesprochen wurde, eignen sich Kornnattern durch ihr ruhiges Wesen sehr gut zum „Erleben" durch Berühren.

Schlangen können auch in der Pädagogik zum Einsatz kommen, sei es durch Besuche von Schulklassen in Zoos (und bei Terrarianern) oder durch das Vorstellen von Schlangen an der Schule oder im Kindergarten. Dabei kann die Thematik „Schlangen" auf unterschiedlichste Weise behandelt werden. Diese Art von Aufklärung und Wissensvermittlung wird bei Reptilien leider noch viel zu selten praktiziert, weil viele Erwachsene (Eltern, Lehrer-

Abb. 193.. Faszinierte Kinder beim Anblick einer Kornnatter. Foto: P. Berg

Innen, ErzieherInnen) zu wenig über Schlangen wissen oder selbst mit Vorurteilen gegenüber diesen belastet sind. Es ist zu hoffen, dass dies in der Zukunft noch mehr Nachahmer findet. Die Haltung von Schlangen an Schulen ist durchaus möglich und schafft aufgrund der dauerhaften Anwesenheit der Tiere einen Rahmen für gezielte Beobachtungen – auch über einen längeren Zeitraum. Auf diese Weise können vielfältige, auch dem Jahresrhythmus der Schlangen unterworfene Verhaltensweisen (Fortpflanzungsverhalten, etc.) kennen gelernt werden. Tiere für Schulterrarien müssen einer Vielzahl von Anforderungen gerecht werden, die aufgrund der direkten Nähe zu Kindern verschärft sind. Die Pflege von giftigen oder aufgrund von ihrer Größe oder Aggressivität gefährlichen Schlangen verbietet sich von selbst.

Die Haltung der Schlange darf nicht mit einem zu großen Aufwand und zu hohen Kosten verbunden sein, schließlich muss diese im Rahmen der pädagogischen Einrichtung unter Einbeziehung der Kinder und Jugendlichen zu bewältigen sein. In diesem Zusammenhang sei die mögliche Ernährung mit Frostfutter hervorgehoben: die Verfütterung von lebenden Nagetieren würde zwangsläufig die Gefühle einiger Kinder verletzen und eine heftige Grundsatzdiskussion über die Schlangenhaltung an Schulen und generell eröffnen. Zu bedenken ist auch, dass die Pflege der Tiere während der längeren Schulferien gewährleistet sein muss.

Eine in einer Schule gehaltene Schlange kann auch gezielt im Unterricht zum Einsatz kommen und diesen bereichern; darum sollten die Tiere auch ruhig und nicht zu stressanfällig sein. KELLER (2002) betont außerdem den Aspekt der Attraktivität für die Wirkung auf die Schulöffentlichkeit. Kornnattern erfüllen all diese Anforderungen und lassen sich gut in Schulen pflegen. Abhängig vom Alter der Kinder und Jugendlichen finden sich sehr unterschiedliche Einsatzmöglichkeiten der Tiere, allem voran in der Biologie (KELLER 2002). Es seien Stichworte wie „Haustiere“, Verhalten, Ökologie, Anatomie, Evolution, Systematik und Genetik genannt.

Neben Kornnattern werden auch viele andere Tiere den Anforderungen für die Haltung an Schulen gerecht (KELLER 2002), doch hebt HALLMEN (1999) diesbezüglich die starke Resonanz bei Schlangen hervor, wie sie bei anderen Pfleglingen in diesem Maße nicht beobachtet werden konnte. Die umfassendste Übersicht zur Schulvivaristik und all deren Facetten, von Vorüberlegungen über Organisation bis hin zu Einsatzmöglichkeiten, liefert KELLER (2002).

Da ein gewisses Grundlagenwissen wichtige Vorraussetzung für die Haltung von Kornnattern – und auch jeder anderen Schlangenart – ist, kann das Interesse der Kinder dadurch gut auf die Probe gestellt werden. Dem Wunsch, eine Schlange zu kaufen, sollte nicht gleich nachgegeben werden. Statt dessen ist es an den Kindern, sich mit Hilfe von Literatur das nötige Know-how anzueignen. Dem Kind sollte vor dem Erwerb einer Natter deutlich gemacht werden, dass sie in erster Linie ein „Haustier zum Beobachten" ist und dass sich nach der Schlange gerichtet werden muss. Entzieht sie sich den Blicken des Kindes in ein dunkles Versteck, muss dies akzeptiert werden.

Die Ferienversorgung

Bedingt durch den relativ geringen Pflegeaufwand, der für die Haltung von Kornnattern erforderlich ist, lässt sich meist recht problemlos eine Urlaubsversorgung organisieren. Adulte Kornnattern legen eine „zwangsweise verordnete" Fastenzeit ein, die auch problemlos sechs Wochen andauern kann. Jungschlangen sollten nicht länger als drei bis vier Wochen ohne Fütterung bleiben. Wenn der Urlaub über diese Zeitspanne hinaus andauert, sollte sich im Bekanntenkreis jemand finden lassen, der die Tiere ein- bis zweimal füttert. Eine regelmäßige Betreuung (ein- bis zweimal die Woche) muss ohnehin stattfinden, um für frisches Wasser zu sorgen und nach dem Rechten zu sehen.

Das Internet

Auf Homepages, sowohl von gewerblicher als auch von privater Seite bzw. von Fachinstituten, werden auf unterschiedliche Weise Informationen in Text- und Bildform präsentiert. In Diskussionsforen können Fragen gestellt und beantwortet werden und das zum Teil innerhalb von Minuten, abhängig davon, wann andere Schlangenhalter gerade „online" sind. Diese Gespräche sind auch für Dritte einsehbar und – wenn man auf kompetente Gesprächspartner trifft – zuweilen sehr hilfreich und interessant.

Leider geht mit diesen vielseitigen Möglichkeiten des Internets auch die Problematik einher, dass die Inhalte nicht geprüft und zum Teil anonym sind. Aus diesem Grund kann derzeit jeder selbst ernannte „Fachmann" Informationen präsentieren. Es bietet sich an, auf vertrauenserweckenden Webseiten zu „surfen", beispielsweise auf solchen von Vereinen oder bekannten Privatpersonen. Eine gute Anlaufstelle bietet z.B. die Internetpräsenz der Deutschen Gesellschaft für Herpetologie und Terrarienkunde (DGHT) e.V., mit ihren Diskussionsforen und Links (Verweise) auf andere Homepages.

Pantherophis emoryi (Prärie-Kornnatter)

1853 *Scotophis emoryi* BAIRD & GIRARD: 157; Terra typica: Howard Springs, etwa 20 Meilen südwestlich von Ozona, Crockett County, Texas.
1860 *Coluber rhinomegas* COPE: 255; Terra typica: Hyatt, Anderson County, Kansas.
1942 *Elaphe laeta intermontanus* WOODBURY & WOODBURY: 140; Terra typica: Parriott Ranch … etwa eine Meile nördlich von Moab, Grand County, Utah.
1946 *Elaphe quivira* Burt: 116; Nomen nudum fide Thomas 1975.
1994 *Elaphe guttata meahllmorum* SMITH, CHISZAR, STALEY & TEPEDELEN: 263; Terra typica: El Salto, San Luis Potosí, Mexiko.

Beschreibung

Prärie-Kornnattern (*Pantherophis emoryi*) erreichen meist eine Gesamtlänge von 90 bis 130 cm; FITCH (1999) berichtet von einem Exemplar aus Kansas, das 154,5 cm Gesamtlänge aufwies, und dass, obwohl bei dem Tier die Schwanzspitze fehlte. Das von TENNANT (1984) erwähnte Rekordexemplar (180 cm Gesamtlänge) dürfte wohl eine große Ausnahme darstellen.

Verglichen mit den anderen Kornnatterarten weist *P. emoryi* einen etwas robusteren Körperbau mit einem relativ größeren und deutlicher vom Hals abgesetzten Kopf auf (BURBRINK 2002). Auf grauer, gelbbrauner oder graubrauner Grundfarbe finden sich dunkelbraune Rückenflecken (Gesamtanzahl Körper- und Schwanzflecken 48-65); Exemplare aus nördlichen und westlichen Bereichen des Verbreitungsgebietes haben schmalere Rückenflecken und eine tendenziell größere Anzahl von Flecken als Exemplare aus den südlichen und östlichen Bereichen; die Bauchseite ist hell, mit zahlreichen verstreuten dunkelbraunen oder schwarzen Flecken von meist dreieckiger oder auch halbrunder Form; Tiere aus dem Süden des Verbreitungsgebietes zeigen tendenziell eine Reduktion der Bauchfleckung; ein Paar brauner Nackenstreifen vereinigt sich auf der Kopfoberseite und ein Paar Temporalstreifen setzt sich vor den Augen fort und vereinigt sich in der Frontalregion; die Iris ist orange-braun bis oliv gefärbt.

Pantherophis emoryi hat 197-236 Ventral- und 58-83 Subcaudalschuppen (SCHULZ 1996). Weitere Beschuppungsmerkmale (vgl. S. 15): 1 Pränasale, 1 Postnasale, 1 Loreale, 1 Präokulare, 2

Abb. 194. *Pantherophis emoryi* (Blanco County, Texas). Foto: T. Devitt

Abb. 195. Kopfportrait einer *Pantherophis emoryi*. Foto: G. Köhler

Postokularia, 2-3 vordere Temporalia, 3-4, selten nur 2, hintere Temporalia, 8-9, selten nur 6-7, Supralabialia (das 4. und 5. oder das 5. und 6. Supralabiale in Kontakt mit Auge), 25-29, selten 31, Reihen von Rückenschuppen, die auf der Rückenmitte kaum wahrnehmbar gekielt sind; Analschild geteilt (SCHULZ 1996).

Verbreitung, Lebensraum und Lebensweise

Pantherophis emoryi ist westlich der Mississippi- und Missouri-Flüsse weit verbreitet (s. Verbeitungskarte, S. 11); das Areal reicht vom zentralen und westlichen Texas südwärts bis in die mexikanischen Bundesstaaten von San Luis Potosí, Tampico, Durango und Chihuahua und im Norden bis nach New Mexico, Colorado, Nebraska, das südliche Missouri und Arkansas. Isolierte Populationen sind aus dem westlichen Colorado, dem östlichen Utah und dem südlichen Illinois bekannt (BURBRINK 2002).

Die vertikale Verbreitung reicht von 150 m NN bis etwa 1500 m NN (WRIGHT & WRIGHT 1957); bemerkenswert ist die Höhenverbreitung der isolierten Population im westlichen Colorado und Utah (1000-2500 m NN; SCHULZ 1996). *P. emoryi* bewohnt vor allem felsige, trockene Biotope, ist aber bezüglich des Lebensraumes nicht sehr wählerisch und besiedelt die verschiedensten Vegetationstypen: Busch- und Grasland, Kiefern-Eichenwälder, felsige Hänge, Canyons, offene Wälder und Waldränder (COLLINS 1993). Häufig wurde sie in Felshöhlen angetroffen, wo sie sich unter anderem von Fledermäusen ernährt (RIGGS 1961, MCCOY 1975). Wie alle Kornnattern, kommt auch *P. emoryi* oftmals in vom Menschen veränderten Lebensräumen vor, wie etwa Feldern, verfallenen Häusern und alten Scheunen und Getreide-

Abb. 196. *Pantherophis emoryi* (Val Verde County, Texas). Foto: G. Köhler

Abb. 197. Beliebter Wohnort für Kornnattern (hier im Verbreitungsgebiet von *P. emoryi*, nördl. Texas). Foto: G. Köhler

Abb. 198. Der Lebensraum von *Pantherophis emoryi* im Juni (Cedar Creek Res., Texas). Foto: G. Köhler

lagern (Vermersch & Kuntz 1986). Im nördlichen Teil des Verbreitungsgebietes lebt sie vor allem in offenen Wäldern und Prärielandschaften mit felsigem Untergrund, oft in der Nähe von Bächen und Flüssen (Hammerson 1986).

Gewöhnliche Kornnatter (*Pantherophis guttatus*)

1766 *Coluber guttatus* Linnaeus: 385; Terra typica: Carolina.
1790 *Coluber maculatus* Bonnaterre: 19; Terra typica: Louisiana.
1798 *Coluber compressus* Donndorf: 206; Terra typica: unbekannt.
1802 *Coluber carolinianus* Shaw: 460; Terra typica: Carolina.
1803 *Coluber molossus* Daudin: 269; Terra typica: Carolina.
1803 *Coluber pantherinus* Daudin: 318; Terra typica: unbekannt.
1827 *Coluber floridanus* Harlan: 360; Terra typica: östliches Florida.
1888 *Coluber guttatus sellatus* Cope: 387; Terra typica: Palatka und Arlington, Florida.
1888 *Coluber rosaceus* Cope: 388; Terra typica: Key West, Monroe County, Florida.

Beschreibung

Die Gewöhnliche Kornnatter (*P. guttatus*) ist eine mittelgroße Schlange, die meist eine Gesamtlänge von 90 bis 120 cm erreicht. Exemplare von den Florida Keys bleiben mit 60-90 cm meist etwas kleiner. Die Wildform weist auf roter, orangener, gelber, brauner oder grauer Grundfarbe rötlichbraune bis orangene, schwarz eingefasste rechteckige Flecken auf (Gesamtanzahl Körper- und Schwanzflecken 34-47), wobei auch hier ein geografischer Trend zu beobachten ist: Tiere aus nördlichen Populationen sind oftmals kontrastarm bräunlich grau gefärbt, während nach Süden hin die Tiere tendenziell bunter (heller, kontrastreicher und rötlicher) gefärbt sind (Christman 1980, Mitchell 1977); die Bauchseite ist hell mit zahlreichen verstreuten dunkelbraunen oder schwarzen Flecken von meist

Abb. 199. *Pantherophis guttatus* im natürlichen Lebensraum (St. Augustine, St. Johns Co. Florida). Foto: K. Krysko

quadratischer bis rechteckiger Form. *P. guttatus* hat 203-245 Ventral- und 47-84 Subcaudalschuppen, wobei eine geografische Variation dokumentiert ist: von Norden nach Süden nimmt die Anzahl der Bauch- und Unterschwanzschuppen graduell zu (WALLS 1996). Weitere Beschuppungsmerkmale: 1 Pränasale, 1 Postnasale, 1 Loreale, 1 Präokulare, 2 Postokularia, 2-3 vordere Temporalia, 3-4, selten nur 2, hintere Temporalia, 8-9, selten nur 6-7, Supralabialia (das 4. und 5. oder das 5. und 6. Supralabiale in Kontakt mit dem Auge), 25-29, selten 31, Reihen von Rückenschuppen, die auf der Rückenmitte kaum wahrnehmbar gekielt sind; Analschild geteilt (SCHULZ 1996).

Verbreitung, Lebensraum und Lebensweise

Pantherophis guttatus ist weit über die südöstlichen USA verbreitet (vgl. Karte, S. 11), von den Jersey Pine Barrens entlang der östlichen Grenze der Appalachian Mountains und der Atlantikküstenebene bis zu den Florida Keys. Im Westen reicht das Areal bis zum Mississippi River im südlichen Louisiana; Populationen von *P. guttatus* westlich des Mississippi River sind im südlichen Louisiana bekannt. Im Norden erreicht *P. guttatus* das Cumberland Plateau vom Tennessee River bis zum Mississippi River. Größere Verbreitungslücken sind bekannt in Kentucky und bestehen möglicherweise auch im nördlichen North Carolina, Virginia,

Abb. 200. *Pantherophis guttatus,* hier die “Miami-Kornnatter” in ihrem natürlichen Lebensraum (Miami-Dade Co., Florida). Foto: K. Krysko

Maryland und New Jersey (Burbrink 2002). Die vertikale Verbreitung reicht von Meeresspiegelhöhe bis etwa 760 m NN (Martof et al. 1980). *Pantherophis guttatus* ist bezüglich des Lebensraums nicht sehr wählerisch und bewohnt sowohl trockene Biotope (sandige Kiefern- und Buschwälder, buschige Graslandschaften, Farmlandschaften) als auch (vor allem im Süden des Verbreitungsgebietes) feuchtere Bereiche (Hardwood Hammocks, Sumpflandschaften, Mangroven). Verlassene Häuser und Scheunen werden ebenfalls gerne von den Schlangen besiedelt.

Abb. 201. *Pantherophis guttatus* (Aiken County, South Carolina). Foto: T. Devitt

Wie die anderen Kornnattern, lebt auch *P. guttatus* recht verborgen und wird meist unter Laubstreu, Rindenstücken, Felsen, alten Baumstämmen sowie in hohlen Baumstämmen und

Abb. 202. *Pantherophis guttatus* kommt in den unterschiedlichsten Lebensräumen vor. (hier: Paynes Prairie, Florida).
Foto: G. Köhler

Höhlen gefunden (Trutnau 1985, Schulz 1996). Olsen (1987a) beobachtete *P. guttatus* häufig entlang von Kanälen, wo die Schlangen in Spalten der Uferplatten Zuflucht fanden.

Kornnattern sind überwiegend nachtaktiv; Olson (1987a) nennt als Hauptaktivitätszeitraum von Kornnattern im Süden Floridas 21.00 Uhr bis Mitternacht.

Slowinski's Kornnatter (*Pantherophis slowinskii*)

2002 *Elaphe slowinskii* Burbrink: 472; Terra typica: Longleaf Pine Highway, 0,5 Meilen westlich von Highway 119, Natchitoches Parish, Louisiana.

Beschreibung

Slowinski's Kornnatter (*Pantherophis slowinskii*) ist eine mittelgroße Schlange, die von Habitus und Färbung der Gewöhnlichen Kornnatter ähnelt, sich aber von den angrenzenden *P. guttatus*-Populationen durch das Fehlen der helleren gelben und roten Rückenzeichnung unterscheidet (Burbrink 2002). Die Art erreicht meist eine Gesamtlänge von 90 bis 120 cm. *Pantherophis slowinskii* weist auf brauner oder grauer Grundfarbe dunkelrote, rötlichbraune bis braune, schwarz eingefasste

Abb. 203. *Pantherophis slowinskii*.
Foto: S.L. Collins, Center for North American Herpetology

Abb. 204. Der Lebensraum von *Pantherophis slowinskii* (Mauriceville, Texas). Foto: G. Köhler

Flecken auf (Gesamtanzahl Körper- und Schwanzflecken 42-56), wobei bei einigen Exemplaren eine sehr dunkle Grundfärbung die Rückenfleckung undeutlich erscheinen lassen kann.

Die Bauchseite ist cremefarben mit zahlreichen verstreuten dunkelbraunen oder schwarzen Sprenkeln oder mit recht regelmäßigen Doppelreihen von Flecken. Manche Individuen von *P. slowinskii* ähneln vom Erscheinungsbild *P. emoryi*, unterscheiden sich aber durch die intensivere Bauchfleckung (VAUGHAN et al. 1996). *Pantherophis slowinskii* hat 205-233 Ventral- und 55-86 Subcaudalschuppen. Weitere Beschuppungsmerkmale: 1 Pränasale, 1 Postnasale, 1 Loreale, 1 Präokulare, 2 Postokularia, 2-3 vordere Temporalia, 3-4, selten nur 2, hintere Temporalia, 8-9, selten nur 6-7, Supralabialia (das 4. und 5. oder das 5. und 6. Supralabiale in Kontakt mit Auge), 25-29, selten 31, Reihen von Rückenschuppen, die auf der Rückenmitte kaum wahrnehmbar gekielt sind; Analschild geteilt (SCHULZ 1996, VAUGHAN et al. 1996).

Verbreitung, Lebensraum und Lebensweise

Pantherophis slowinskii ist im westlichen und nordwestlichen Louisiana und im östlichen Texas verbreitet, wo die Art vor allem Kiefern-Eichen-Wälder bewohnt (BURBRINK 2002).

Im nördlichen Louisiana gefangene Exemplare stammten überwiegend aus kultivierten Feldern und Weideland, einige auch aus Scheunen und verlassenen Häusern (CLARK 1949, DUNDEE & ROSSMAN 1989). Die Identität einiger Kornnatterpopulationen aus Arkansas und Missouri, die morphologisch *P. slowinskii* ähneln (THOMAS 1975, SMITH et al. 1994), ist noch nicht abschließend geklärt (BURBRINK 2002). Die Art lebt überwiegend bodenbewohnend und klettert nur gelegentlich (DUNDEE & ROSSMAN 1989). In der Natur ernährt sie sich von Mäusen, jungen Ratten und Kaninchen sowie von Vögeln (CLARK 1949). Zwei dokumentierte Gelege (Ablagedatum des ersten Geleges 7. Juni) wiesen 9 bzw. 27 Eier auf (DUNDEE & ROSSMAN 1989).

Literatur

ACKERMAN, R.A., R.C. SEAGRAVE, R. DMI'EL & A. AR (1985): Water and heat exchange between parchment-shelled reptile eggs and their surroundings. – Copeia **1985**: 703–711.

ANDERSON, R.E. (1995): Geographic distribution: *Elaphe guttata emoryi*. – Herpetological Review **26**(4): 210.

AUSTIN, J.D. & P.T. GREGORY (1999 [1998]): Relative roles of thermal and chemical cues in the investigative behavior of prey in colubrid (*Elaphe guttata* and *Lampropeltis getulus*) and Boid (*Python regius*) snakes. – Herpetological Natural History **6**(1): 47-50.

BAIRD, S. F. & C. GIRARD (1853): Catalogue of North American Reptiles in the Museum of the Smithsonian Institution. Part 1. Serpents. Smithsonian Inst., Washington, xvi + 172 S.

BAKKER, J. (1987): Problematic oviposition in a specimen of *Elaphe guttata* (red phase albino). – Litteratura Serpentium **7**(5): 203-205.

BARNARD, S.M., T.G. HOLLINGER, & T.A. ROMAINE (1979): Growth and food consumption in the corn snake, *Elaphe guttata guttata* (Serpentes: Colubridae). – Copeia **1979**(4): 739-741.

BARTLETT, R.D. & P.P. BARTLETT (1996) Corn Snakes and other rat snakes – Hauppauge (Barron's): 104 S.

BECHTEL, B. (1995): Reptile and amphibian variants – Malabar, Florida (Krieger): 224 S.

BECHTEL, E. (1980): Geographic distribution of two color mutants of the corn snake, *Elaphe guttata guttata*. – Herpetological Review **11**(2): 39-40.

BECHTEL, H.B. & E. BECHTEL (1958): Reproduction in captive corn snakes, *Elaphe guttata guttata*. – Copeia **1958**(2): 148-149.

BECHTEL, H.B. & E. BECHTEL (1962): Heredity of pattern mutation in the corn snake, *Elaphe g. guttata*, demonstrated in captive breedings. – Copeia **1978**(4): 719-721.

BECHTEL, H.B. & E. BECHTEL (1989): Color mutations in the corn snake (*Elaphe guttata guttata*): Review and additional breeding data. – Journal of Heredity **80**: 272-276.

BLAIR, K., et al. (1993): Geographic distribution: *Elaphe guttata emoryi*. – Herpetological Review **24**(2): 67.

BONNATERRE, P.J. (1790): Ophiologie, in Tableau encyclopédique et méthodique des trois règnes de la nature. – Panconoke, Paris xliv + 76 S.

BOULENGER, G.A. (1894): Catalogue of the Snakes in the British Museum (Natural History). Volume II., Containing the Conclusion of the Colubridæ Aglyphæ. – London (British Mus. Nat. Hist.), xi, 382 S.

BRADY, M.K. (1933): The third specimen of *Elaphe rosacea* (COPE). – Proc. Biol. Soc. Wash. **46**: 153-154

BROER, W. (1978): Bastarde bei zwei *Elaphe*-Arten. – Salamandra **14**(2): 63-68

BROGHAMMER, S. (1998) Albinos: Farb- und Zeichnungsvarianten bei Schlangen und anderen Reptilien – Frankfurt (Chimaira): 95 S.

BUNDESMINISTERIUM FÜR ERNÄHRUNG, LANDWIRTSCHAFT UND FORSTEN, REFERAT TIERSCHUTZ (1997): Gutachten über Mindestanforderungen an die Haltung von Reptilien – Bonn, 76 S.

BURBRINK, F.T. (2001): Systematics of the North American rat snake complex (*Elaphe obsoleta*). – Herpetological Monographs **15**: 1-53

BURBRINK, F.T. (2002): Phylogeographic analysis of the cornsnake (*Elaphe guttata*) complex as inferred from maximum likelihood and Bayesian analyses. – Molecular Phylogenetics and Evolution **25**(3): 465-476.

BURKETT, D., et al. (1998): Geographic distribution: *Elaphe emoryi* (Great Plains Rat Snake). – Herpetological Review **29**(2): 112.

BURY, R.B. (1983): Geographic distribution: *Elaphe guttata emoryi* (Great Plains Rat Snake). – Herpetological Review **14**(4): 123.

CHAPMAN, E.M. (1965): Notes on an albino corn snake, *Elaphe guttata guttata*. – Bulletin of the New York Herpetological Society **2**(3): 14.

CHENOWETH, W.L. (1949): *Elaphe guttata* in south-central Kentucky. – Herpetologica **5**(2): 21-22.

CHISZAR, D., J.D. DREW, & H.M. SMITH (1992): A range extension of the great plains rat snake in eastern Colorado. – Bulletin of the Chicago Herpetological Society **27**(8): 165.

CLARK, H. (1953): Eggs, egg-laying and incubation of the snake *Elaphe emoryi* (Baird and Girard). – Copeia **1953**(2): 90-92.

COLLINS, J.T. (1970): The corn snake, *Elaphe guttata guttata* (Linnaeus) in Kentucky. – Transactions of the Kentucky Academy of Sciences **31**(1/2): 49-50.

COLLINS, J.T. (1993): Amphibians and reptiles in Kansas. – Univ. Kansas Mus. Nat. Hist. Pub. Ed. Series **13**: 1-397.

CONANT, R. & J.T. COLLINS (1991): A field guide to reptiles and amphibians of eastern/central North America, 3. Aufl. – Boston/New York (Houghton Mifflin), xx + 450 S.

COPE, E.D. (1889): On the snakes of Florida. – Proc. U. S. Natl. Mus. **11**: 381-394

CRISPENS, C.G., Jr. & K.R. MARION (1975): Algal infection in a corn snake (*Elaphe guttata guttata*). – Laboratory Animal Science **25**(6):788-789.

DAUDIN, F. M. (1803): Histoire Naturelle Generale et Particuliere des Reptiles. Vol. 6. – Paris (F. Dufart).

DAVIS, W.T. (1912): The corn snake in New Jersey. – Science N.S. **35**: 416-417.

DLOOGATCH, M. (1973): Hatching of corn snake eggs in captivity. – Bulletin of the Chicago Herpetological Society **8**(3/4): 32-33.

DONNDORFF, J.A. (1798): Zoologische Beyträge zur xiii. Ausgabe des Linnéischen Natursystems. Vol. 3. – Leipzig (Weidmannschen), vi + 980 S.

DOW, J.C., & T.D. SCHWANER (1990): Geographic distribution: *Elaphe guttata* (corn snake). – Herpetological Review 21(4): 97.

DOWLING, H.G. (1952): A taxonomic study of the ratsnakes, genus *Elaphe* FITZINGER. 4. A check list to the American forms. – Occasional Papers, Museum of Zoology, University of Michigan **541**: 1-11.

DUMÉRIL, A.M.C., G. BIBRON & A.H.A. DUMÉRIL (1854): Erpétologie générale ou Histoire Naturelle complète des Reptiles. Vol. 7 (partie 1). – Paris, xvi + 780 S.

DUNDEE, H.A. & D.A. ROSSMAN (1989): The amphibians and reptiles of Louisiana. – Baton Rouge & London (Louisiana State Univ. Press), 300 S.

DÜRR, P. (2004): Vergleichende Längenmessung bei Schlangen und deren abgestreiften Häuten. – Elaphe N.F. **12**(3): 59

EERDEN, H. VAN DER (1985): Breeding *Elaphe guttata guttata* in the terrarium. – Litteratura Serpentium **5**(5): 199-202.

ENGE, K.M. (1986): Life history notes: *Elaphe guttata guttata* (corn snake). Reproduction. – Herpetological Review **17**(1): 22.

ESTES, W. (1980): The removal of amniotic fluid as a method of assisting egg expulsion in an egg bound corn snake (*Elaphe guttata*). – Bulletin of the Philadelphia Herp. Society **28**: 7-9.

FITCH, H.S. (1999): A Kansas snake community: Composition and changes over 50 years. – Malabar (Krieger Publ. Comp.), 165 S.

FITZINGER, L.J. (1843): Systema Reptilium. – Vindobonae (Apud Braunmüller et Seidel Bibliopolas), 106 S.

FUNK, R.S. (1962): On the reproduction of *Elaphe g. guttata* (LINNAEUS). – Herpetologica **18**(1): 66.

GREENWALD, O.E., & M.E. KANTER (1979): The effects of temperature and behavioral thermoregulation on digestive efficiency and rate in corn snakes (*Elaphe guttata guttata*). – Physiol. Zool. **52**(3): 398-408.

GROGAN, W.L., Jr. (1971): The first record of the corn snake, *Elaphe guttata guttata*, from West Virginia. – Bulletin of the Maryland Herp. Soc. **7**(4): 95-96.

GROGAN, W.L., Jr., & J.J. WHITE, Jr. (1973): An additional corn snake, *Elaphe guttata guttata*, from western Maryland. – Bulletin of the Maryland Herp. Soc. **9**(2): 33-34.

GROVES, F. (1957): Eggs and young of the corn snake in Maryland. – Herpetologica **13**(1): 79-80.

GROVES, J.D. (1967): Notes on albinism in *Elaphe g. guttata*. – Bulletin of the Maryland Herp. Soc. **3**(2): 26-28.

HALLMEN, M. (1999): Schlangen gehen zur Schule: Teil 2. – Reptilia 4(4): 72-75.

HALLMEN, M. (2000): Schlangenmilben – Teil I: Protokoll einer Milbeninvasion bei meinen Strumpfbandnattern (Gattung: *Thamnophis*). - The Garter Snake, 1/00: 33-38. (vgl. auch http://www.reptilien-abc.de/hjb-zoo/zoo-seiten/milben-1.htm)

HALLMEN, M. (2003): Freilandterrarien für Schlangen. – Münster (Natur und Tier – Verlag), 160 S.

HALLMEN, M. (2004): Zum aus der Haut fahren – Beobachtungen an Natternhemden. – Draco, **5**(1): 64-67.

HAMMERSON, G.A. (1986): Amphibians and reptiles in Colorado. 2nd Ed. – Denver (Colorado Division of Wildlife), 131 S.

HAMILTON, W.J.jr. & J.A. POLLACK (1956): The food of some colubrid snakes from Fort Benning, Georgia. – Ecology **37**(3): 519-526.

HARLAN, R. (1827): Genera of North American Reptilia, and synopsis of the species. – Journ. Acad. Nat. Sci. Philadelphia **5**: 317-372.

HART, S., & S. MANCHESTER (1993): Geographic distribution: *Elaphe guttata emoryi* (Great Plains Rat Snake). – Herpetological Review **24**(4): 156.

HILLIS, D.M. (1974): A note on cannibalism in corn snakes, *Elaphe guttata guttata*. – Bulletin of the Maryland Herp. Soc. **10**(1): 31-32.

HOLMAN, J.A. (1960): Reproduction in a pair of corn snakes, *Elaphe guttata guttata*. – Copeia **1960**(3): 239.

HOLTZMAN, D.A., G.A. TEN EYCK, & D. BEGUN (1989): Artificial hibernation of garter (*Thamnophis* sp.) and corn (*Elaphe guttata guttata*) snakes. – Herpetological Review **20**(3): 67-69.

IPPOLITI, S. (1980): Cannibalism in a corn snake hatchling (*Elaphe guttata*). – Bulletin of the Philadelphia Herp Soc. **28**: 14.

IRWIN, K.J. (2004): Arkansas Snake Guide. – Little Rock (Arkansas Game & Fish Commission), 50 S.

JAYNE, B.C. (1985): Swimming in constricting (*Elaphe g. guttata*) and nonconstricting (*Nerodia fasciata pictiventris*) colubrid snakes. – Copeia **1985**(1): 195-208.

JOHNSON, T.R. (1987): The amphibians and reptiles of Missouri. – Jefferson City (Missouri Department of Conservation), 368 S.

JUSTICE, D.W. & R.E. HERRINGTON (1988): Life history notes: *Elaphe guttata* (Corn snake) - Reproduction. – Herpetological Review **19**(2): 35.

KAUFFELD, C. (1957): Snakes and Snake Hunting. – Garden City, New York, (Hanover House), 266 S.

KAUFFELD, C. (1966): The history of the corn snake, *Elaphe guttata guttata* in southern New Jersey. – Bulletin of the New York Herp. Soc. **3**(2): 6-9.

KELLER, H. (2002): Tierhaltung in der Schule. – Stuttgart (Ernst Klett Verlag): 80 S.

KILLEBREW, F.C. (1984): Geographic distribution: *Elaphe guttata emoryi* (Great Plains Rat Snake). – Herpetological Review **15**(2): 52.

KIVIT, R. (1988): Breeding results: *Elaphe guttata guttata* (F3); *Elaphe obsoleta quadrivittata* (2x). – Litteratura Serpentium **8**(2): 94-95.

KÖHLER, G. (1996) Krankheiten der Amphibien und Reptilien. - Stuttgart (Verlag Eugen Ulmer): 168 S.

KÖHLER, G. (2001): Reptilien und Amphibien Mittelamerikas, Band 2: Schlangen. – Offenbach (Herpeton): 174 S.

KÖHLER, G. (2004) Inkubation von Reptilieneiern. 2. Aufl. – Offenbach (Herpeton): 254 S.

KREMPL, H. (1981): Die Kornnatter. – DATZ **34**(4): 139-142.

KUNZ, K. (2004): Die Kornnatter. – Münster (Natur und Tier – Verlag): 64 S.

LANNUTTI, D.I., T.J. LADUC & J.D. JOHNSON (1996): Geographic Distribution. *Elaphe guttata emoryi*. – Herpetological Review **27**(4): 212

LAPOSATA, M.M. (1999): *Elaphe guttata guttata* (Corn Snake). Agonistic interactions with potential prey. – Herpetological Review **30**(2): 100.

LAWSON, D.P., et al. (1993): Geographic distribution. *Elaphe guttata*. – Herpetological Review **24**(3): 109.

LEONARD, T. (1994). Geographic distribution: *Elaphe emoryi* (Great Plains Rat Snake). – Herpetological Review **25**(1): 34.

LINNÉ, C. (1766): Systema Naturae per Regna Tria Naturae, Secundum Classes Ordines, Genera, Species cum Characteribus, Differentiis, Synonymis, Locis. Tomus I. – Editio duodecima, Reformata. L. Salvii, Holmiae

LOKKE, J. (1988): Observations on the habitat, periods of activity and reproductive biology in *Elaphe guttata emoryi*, the great plains rat snake, in Nebraska. – Kansas Herp. Soc. Newsletter **74**: 14-19.

LOVE, B. & K. LOVE (2000): The corn snake manual. – Lakeside/USA (Advanced Vivarium Systems, Inc.), 127 S.

LOVE, K. & B. LOVE (2005): Corn snakes – the comprehensive owner's guide – Irvine, California (AVS), 240 S.

LOVE, W.B. (1978): Observations on the herpetofauna of Key West, Florida, with special emphasis on the Rosy Rat Snake. – Bull. Georgia Herp. Soc. **4**(3): 3-8.

MAAS, M.F.P.M. (1987): Surgical removal of eggs in an egg-bound albino corn snake (*Elaphe guttata guttata*) – a case report. – Litteratura Serpentium **7**(5): 206-214.

MACMAHON, J.A. (1957): Observation on mating in the corn snake, *Elaphe guttata guttata*. – Copeia **1957**(3): 232.

MALONE, J.H., & T.J. WILLIAMS (1999): Geographic Distribution: *Elaphe guttata* (Corn Snake). – Herpetological Review **30**(1): 53.

MARION, K.R. (1980): One-egg twins in a snake, *Elaphe guttata guttata*. – Trans. Kansas Acad. Sciences **83**: 98-100.

MARLE, R. VAN (1986): Breeding results: *Elaphe guttata guttata*. – Litteratura Serpentium **6**(2): 75-76.

MARTOF, B.S., W.M. PALMER, J.R. BAILEY & J.R. HARRISON III (1980): Amphibians and reptiles of the Carolinas and Virginia. – Chapel Hill (Univ. North Carolina Press), 264 S.

MCALLISTER, C.T. (1987): Geographic distribution: *Elaphe guttata emoryi* (Great Plains Rat Snake). – Herpetological Review **18**(1): 20.

MCALLISTER, C.T. (1991): Geographic distribution: *Elaphe guttata emoryi* (Great Plains Rat Snake). – Herpetological Review **22**(2): 67.

MCCOY, C.J. (1975): Cave-associated snakes, *Elaphe gutatta*, in Oklahoma. – National Speleol. Soc. Bull. **37**(2): 41.

MCCRYSTAL, H.K. (1982): Life history notes: *Elaphe guttata emoryi* (Great Plains Rat Snake). Food. – Herpetological Review **13**(2): 46-47.

MCEACHERN, M. (1991): A color guide to corn snakes - Lakeside (AVS): 48 S.

MENNES, J. (1985): Surgical removal of two retained eggs in *Elaphe guttata guttata*. – Litteratura Serpentium **5**(6): 214-218.

MEYER, R., & W. NAGL (1993): Somatic polyploidy in extraembryonic membranes of the snake, *Elaphe guttata*. – Protoplasma **172**: 132-135.

MILLER, B.T., & J.L. MILLER (1993): Geographic distribution: *Elaphe guttata guttata* (Corn Snake). – Herpetological Review **24**(4): 156.

MITCHELL, J.C. (1977): Geographic variation of *Elaphe guttata* (Reptilia: Serpentes) in the Atlantic Coastal Plain. – Copeia **1977**(1): 33-41.

MITCHELL, J.C. (1994): The reptiles of Virginia. – Washington & London (Smithsonian Inst. Press), 352 S.

MONTGOMERY, C., L. COMPTON, T. CHILDERS, E. BERGMAN, J.D. MANZER, J. SIFERT, B. HILL & S.P. MACKESSY (1998): Geographic Distribution. *Elaphe guttata emoryi* – Herpetological Review **29**(2): 112

MOOY, J.A.M. DE (1988): Breeding results: *Elaphe guttata guttata* (F2). – Litteratura Serpentium **8**(1): 51.

MOUNT, R:H. (1975): The reptiles and amphibians of Alabama. – Auburn (Auburn University), 345 S.

MÜLLER, M.J. (1996): Handbuch ausgewählter Klimastationen der Erde. 5. Aufl. - Trier (Forschungsstelle Bodenerosion der Universität Trier): 400 S.

MUIR, J.H. (1981): Two unusually large egg clutches from a corn snake, *Elaphe guttata guttata*. – Bulletin of the Chicago Herp. Soc. **16**(2): 42-43.

NAGELE, V. (1987): Breeding results: *Elaphe guttata guttata*, red phase albino corn snake; *Elaphe guttata guttata*, corn snake; *Elaphe taeniura friesei*. – Litteratura Serpentium **7**(4): 156-159.

NEVARES, M., & I.E. PARRA-SALAZER (1990): Geographic distribution: *Elaphe guttata*. – Herpetological Review **21**(4): 97.

NIEBERGALL, P. (2003): Häutung einer adulten Äskulapnatter (*Elaphe longissima*) einschließlich der Haut der Hemipenes. – Elaphe N.F. **11**(2): 62-63.

NORDEN, A. (1971): A corn snake, *Elaphe guttata guttata*, from western Maryland. – Bulletin of the Maryland Herpetolgoical Society **7**(1): 25-27.

OLSEN, U. (1987a): The corn snake (*Elaphe guttata guttata*) in the wild and in the terrarium, part 1. – Litteratura Serpentium 7(1): 17-33.

OLSEN, U. (1987b): The corn snake (*Elaphe guttata guttata*) in the wild and in the terrarium, part 2. – Litteratura Serpentium **7**(2): 62-80.

OLSEN, U. (1987c): The corn snake (*Elaphe guttata guttata*) in the wild and in the terrarium, part 3. – Litteratura Serpentium **7**(3): 121-141.

PETZING, J. & C.A. PHILLIPS (1998): Geographic Distribution. *Elaphe guttata* (Corn Snake). – Herpetological Review **29**(2): 112

PIJNAPPEL, G.J. (1989): Breeding results: *Elaphe guttata guttata* (2x). – Litteratura Serpentium **9**(5): 230.

POWELL, R. & R.W. HENDERSON (2003): A second set of addenda to the checklist of West Indian amphibians and reptiles. – Herpetological Review **34**(4): 341-345

QUIJANO MENDOZA, F., R.R. AVILA & L. CONTRERAS NARVAEZ (1998): Geographic Distribution. *Elaphe guttata meahllmorum*. – Herpetological Review **29**(2): 112.

RAYMOND, L.R., & L.M. HARDY (1983): Taxonomic status of the corn snake *Elaphe guttata* (LINNAEUS) in Louisiana and eastern Texas. – Southwestern Naturalist **28**(1): 105-107.

RIGGS, J. (1961): The vocal pouch: report about bat eating habits of *Elaphe guttata emoryi*. – Bulletin of the Philadelphia Herp. Soc. **9**(1): 5.

ROSSI, J.V. (1992): Snakes of the United States and Canada. Vol. 1 Eastern area. – Malabar (Krieger Publ. Comp.), 209 S.

SAVAGE, J.M. (2002): The amphibians and reptiles of Costa Rica. A herpetofauna between two continents, between two seas. – Chicago and London (Univ. Chicago Press), 934 S.

SCHEIDT, V.N. (1988): Celebration of the American corn snake, *Elaphe guttata*, a photographic essay. – Vivarium **1**(2): 27-30.

SCHMIDT, D. (2000): Kornnattern und Erdnattern. – Münster (Natur und Tier – Verlag), 200 S.

SCHMIDT, D. (2004): Zur Reproduktion von Schlangen im Terrarium: Aufgaben - Fakten - Probleme. – Draco **5**(1): 22-36

SCHMIDT, W. (2004): Kornnattern. 4. Aufl. – Münster (Natur und Tier – Verlag), 87 S.

SCHULZ, K.-D. (1996): A monograph of the colubrid snakes of the genus *Elaphe* FITZINGER. – Havlickov Brod (Koeltz Scientific Books), 439 S.

SCHWARTZ, A. & R.W. HENDERSON (1991): Amphibians and reptiles of the West Indies. – Gainesville (University of Florida Press), 720 S.

SHAW, G. (1802): General Zoology, or Systematic Natural History. Vol.3, part 1 + 2. – London (G. Kearsley, Thomas Davison): 313-615

SMITH, G.C., & D. WATSON (1972): Selection patterns of corn snakes, *Elaphe guttata*, of different phenotypes of the house mouse, *Mus musculus*. – Copeia **1972**(3): 529-532.

SMITH, H.M., & D. CHISZAR (1999): Geographic distribution: *Elaphe guttata emoryi* (Great Plains Rat Snake). – Herpetological Review **30**(2): 112.

SMITH, H.M., D. CHISZAR, J.R. STANLEY & K. TERPEDELEN (1994): Populational relationships in the corn snake, *Elaphe guttata* (Reptilia: Serpentes). – Texas Journal of Science **46**(3): 260-292.

SMITH, P.W. (1961): The amphibians and reptiles of Illinois. – Illinois Natural History Survey Bulletin 28 (1): 1-298.

STEBBINS, R.C. (1985): A Field Guide to Western Reptiles and Amphibians, 2nd ed. – Boston (Houghton Mifflin).

STEEHOUDER, T. (1989): Breeding *Elaphe guttata emoryi*. – Litteratura Serpentium **12**(2): 42-45.

TAGGART, T.W. (1993): Geographic distribution: *Elaphe emoryi*. – Herpetological Review **24**(2): 67.

TENNANT, A. (1984): The snakes of Texas. – Austin (Texas Monthly Press), 561 S.

THOMAS, R.A. (1975): Taxonomic chaos: *Elaphe guttata* (Linnaeus), a case in point. – Bulletin of the Maryland Herpetological Society **11**(4): 171-176.

THOMAS, R.A., & J.R. DIXON (1976): Scale row formulae in *Elaphe guttata* (LINNAEUS) and notes on their interpretation. – Nat. Hist. Misc., Chicago Academy of Sciences **195**: 1-5.

THOMPSON, E.L. (1982): Geographic distribution: *Elaphe guttata guttata* (Corn Snake). – Herpetological Review **13**(1): 25.

TODD, R.E. (1976): Geographic records: *Elaphe guttata guttata* (Corn Snake). – Herpetological Review **7**(4): 178.

TODD, R.E. (1981): Geographic distribution: *Elaphe guttata guttata* (Corn Snake). – Herpetological Review **12**(3): 84.

TOEPFER, K. (1993): Geographic distribution: *Elaphe emoryi* (Great Plains Rat Snake). – Herpetological Review **24**(4): 156.

TRUTNAU, L. (1985): Erfahrungen mit der Kornnatter *Elaphe guttata* (LINNAEUS 1766). – Herpetofauna **7**(38): 6-10.

TRUTNAU, L. (2002): Schlangen im Terrarium, Band 1: Ungiftige Schlangen. – Stuttgart (Ulmer Verlag), 624 S.

Tucker, J.K. 1995. Geographic distribution: *Elaphe guttata emoryi*. – Herpetological Review **26**(1): 46.

UTIGER, U., N. HELFENBERGER, B. SCHÄTTI, C. SCHMIDT, M. RUF & V. ZISWILER (2002): Molecular systematics and phylogeny of Old and New World ratsnakes, *Elaphe* auct., and related genera (Reptilia, Squamata, Colubridae). – Russ. J. Herpetol. **9**(2): 105-124.

VANCE, T. (1981): Geographic distribution: *Elaphe guttata emoryi* . – Herpetological Review **12**(1): 14.

VAUGHAN, R.K., J.R. DIXON & R.A. THOMAS (1996): A reevaluation of the populations of the corn snake *Elaphe guttata* (Reptilia: Serpentes: Colubridae) in Texas. – Texas Journal of Science **48** (3): 175-190.

VERMERSCH, T.G. & R.E. KUNTZ (1986): Snakes of south-central Texas. – Austin (Eakin Press), 137 S.

WALLS, J.G. (1996): The guide to owning a corn snake. – Neptune City (TFH Publ.), 63 S.

WEAVER, W. G. (1978): Threatened: red rat snake, *Elaphe guttata guttata* (LINNAEUS). Pages 42-44 in R.W. MCDIARMID (HRSG.): Rare and endangered biota of Florida. Volume three: amphibians and reptiles. – Gainesville (Univ. Press Florida).

WEIER, M. & R. VITT (2003) Der Grüne Baumpython. 2. Aufl. – Offenbach (Herpeton): 110 S.

WILLIAMS, A.A. (1998): Geographic distribution: *Elaphe guttata* (Corn Snake). – Herpetological Review **29**(3): 176.

WITWER, M.T., & A.M. BAUER (1995): Early breeding in a captive corn snake (*Elaphe guttata guttata*). – Herpetological Review **26**(3): 141.

WOODBURY, A.M. & D.M. WOODBURY (1942): Studies of the rat snake, *Elaphe laeta*, with description of a new subspecies. – Proceedings of the Biological Society of Washington **55**: 133-142.

WRIGHT, A.H. & A.A. WRIGHT (1957): Handbook of snakes of the United States and Canada, 1. – Ithaca (Comstock Publ. Assoc.), 564 S.

Glossar und Adressen

adult: erwachsen, geschlechtsreif

anatomisch: den Bau des Körpers betreffend

anthropogen: vom Menschen ausgehend

Biotop: Lebensraum

Habitat: Wohn- oder Standort einer Art

Hemipenis: paariges Kopulationsorgan der Echsen und Schlangen (plural: Hemipenes)

Inkubation: Erbrüten von Eiern, Zeitigung

intramuskulär: Injektion in den Muskel

juvenil: jugendlich

Kloake: Endabschnitt des Darmkanals, in den die Ausführungsgänge der Genital- und Exkretionsorgane einmünden

Kopulation: Paarung

molekulagenetisch: Teilgebiet der Genetik, das sich mit den Zusammenhängen zwischen der Vererbung und den chemisch-physikalischen Eigenschaften der Gene beschäftigt

olfaktorisch: mit Hilfe des Geruchssinnes

ontogenetisch: die Entwicklung einzelner Individuen betreffend

oral: durch das Maul verabreicht

ovipar: eierlegend

phylogenetisch: die Stammesgeschichte betreffend

Resistenztest: Antibiogramm, Empfindlichkeitsprüfung von Bakterienkulturen gegenüber Antibiotika

Resorption: Aufnahme

reversibel: umkehrbar

Revision: wörtlich "erneute Sichtung" (eines Problems); umfassende Bearbeitung einer taxonomischen Gruppe

saisonal: einen bestimmten Zeitabschnitt betreffend

semiadult: noch nicht geschlechtsreif, halb erwachsen

Subcaudalia: Schuppen der Schwanzunterseite

subkutan: unter die Haut injiziert

Systematik: Lehre von der Klassifikation der Organismen

Taxonomie: Einordnung der Lebewesen in ein biologisches System

Trachealspülung: Spülung der Luftröhre zur bakteriologischen, mykologischen oder parasitologischen Untersuchung

Ventralia: Bauchschilde

Internet-Seiten:

http://www.embl-heidelberg.de/~uetz/LivingReptiles.html
(Uetz, P.: Embl-Reptilien-Datenbank)

http://www.kornnatterlexikon.de
(Bohle, D. & Glaß, M.: Kornnatterlexikon)

http://www.schlangeninfos.de
(Berg, P.)

Untersuchungsstellen:

Exomed
Institut für veterinärmedizinische Betreuung niederer Wirbeltiere und Exoten
Am Tierpark 64
10319 Berlin
http://www.exomed.de

GeVo Diagnostik GmbH
Gesellschaft für medizinische und biologische Untersuchungen
Jakobstr. 65
70794 Filderstadt
http://www.gevo-diagnostik.de

Klima

- obere rote Kurve: absolute Höchstwerte der Temperatur
- untere rote Kurve: mittlere tägliche Maxima der Temperatur
- obere schwarze Kurve: mittlere tägliche Minima der Temperatur
- untere schwarze Kurve: absolute Minmalwerte der Temperatur
- blaue Balken: mittlere monatliche Niederschläge

Daten nach MÜLLER 1996

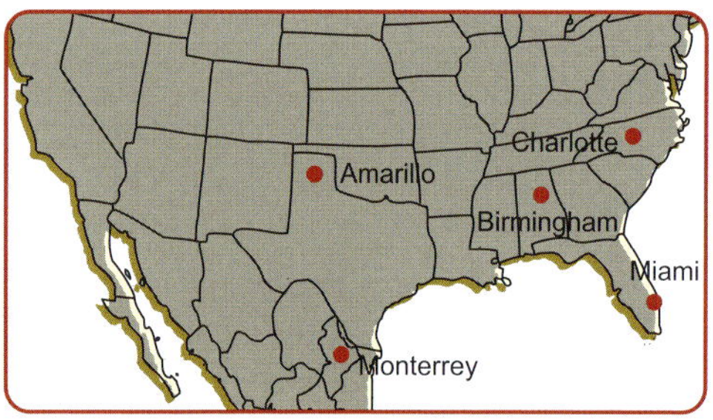

Monterrey, Mexiko

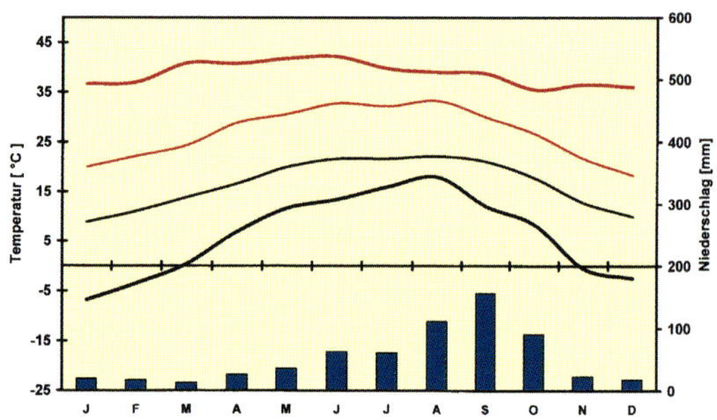

Miami, Florida, USA

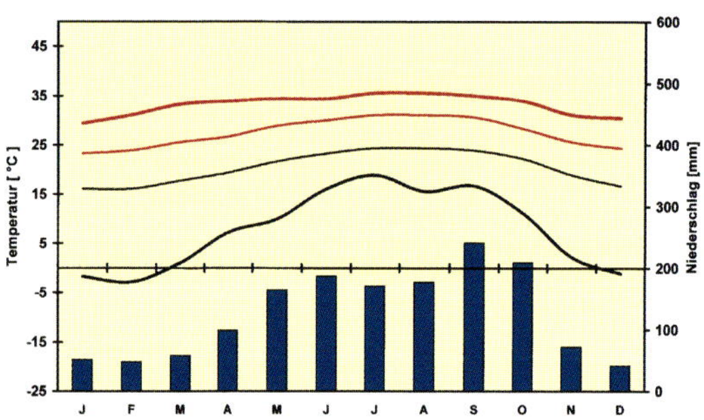

Amarillo, Texas, USA

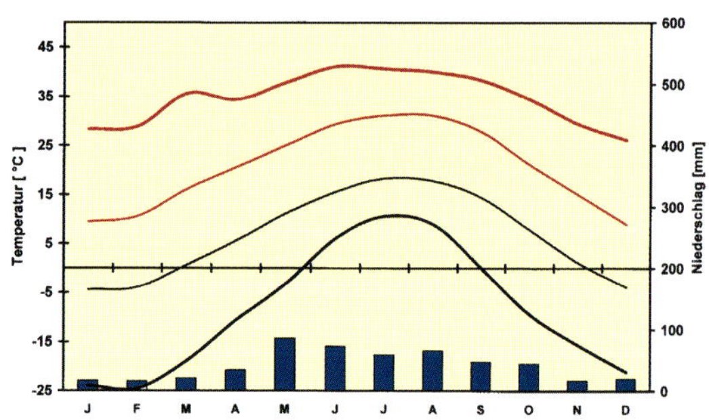

Charlotte, N-Carolina, USA

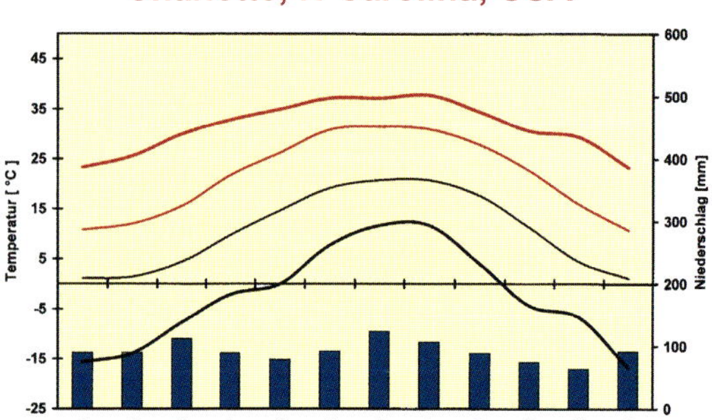

Birmingham, Alabama, USA

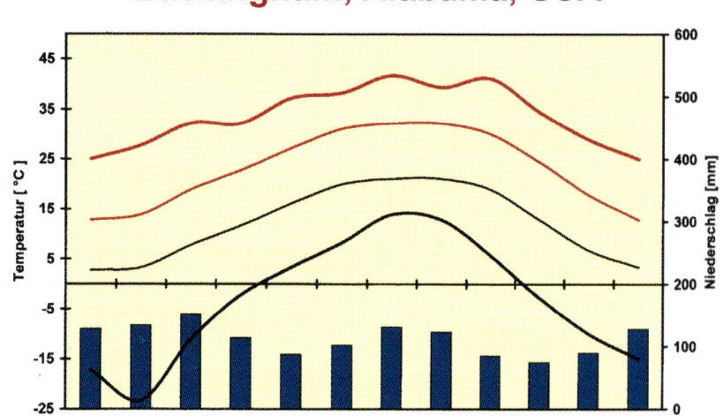

Register

L

M

N

O

P

Q

R

S

T

U

V

W

Z

Weitere Bücher für Schlangenfreunde ...

Mehr aus unserem Programm:

- **Bartagamen** Köhler / Grießhammer / Schuster
  190 S., 251 Farbf., € 29,70
- **Warane** von B. Eidenmüller
  174 S., 130 Farbf., € 24,90
- **Stachelleguane** von G. Köhler / P. Heimes
  176 S., 241 Farbf.; € 19,80
- **Halsbandleguane** von R. Schumacher
  138 S., 169 Farbf.; € 22,80
- **Dornschwanzagamen** von T. Wilms
  144 S., 138 Farbf.; € 24,60
- **Krötenechsen** von Baur / Montanucci
  160 S., 57 Farbf., € 16,50
- **Der Grüne Leguan** von G. Köhler,
  160 S., 90 Farbf., € 29,70
- **Der Grüne Leguan im Terrarium**
  von G. Köhler, 78 S., 86 Farbf., € 17,80
- **Der Grüne Baumpython** von Weier / Vitt
  112 S., 51 Farbf., € 22,50
- **Tejus** von Köhler / Langerwerf
  78 S., 61 Farbf., € 18,50
- **Basilisken • Helmleguane • Kronenbasilisken**
  von G. Köhler
  96 S., 64 Farbf., € 20,40
- **Reptilien und Amphibien Mittelamerikas**
  von G. Köhler
  Band 1: Krokodile, Schildkröten, Echsen
  160 S., 178 Farbf., € 29,70

  Band 2: Schlangen
  174., 230 Farbf., € 34,80

142 S. • 173 Fotos • € 29,80
ISBN 3-936180-49-7

174 S. • 230 Fotos • € 34,80
ISBN 3-9806214-5-6

Inkubation von Reptilieneiern

von Gunther Köhler
mit Beiträgen von: B. Eidenmüller, M. Knirr, J. Krüger, W. Sachsse, R. Seipp u. R. Wicker
254 Seiten • Festeinband • 180 Fotos • € 39,90 • ISBN 3-936180-11-3

Zum Inhalt: Entwicklung des Embryos im Reptilienei: Grundlagen der Inkubation: Einfluss der Temperatur, Einfluss der Feuchtigkeit, Anleitung zum Bau eines Motorbrüters, Pflege und Kontrolle der Eier, Verderben von Eiern, Absterben von schlupfreifen Jungtieren, Künstliches Öffnen von Eiern, Gelege- und Inkubationsdaten von über 1750 Reptilienarten und -unterarten mit Literaturhinweisen ... u.v.m.

HERPETON
Verlag Elke Köhler

Rohrstr. 22 • D-63075 Offenbach
Tel. 069-86777266 • Fax: 069-86777571
herpeton@t-online.de • www.herpeton-verlag.de

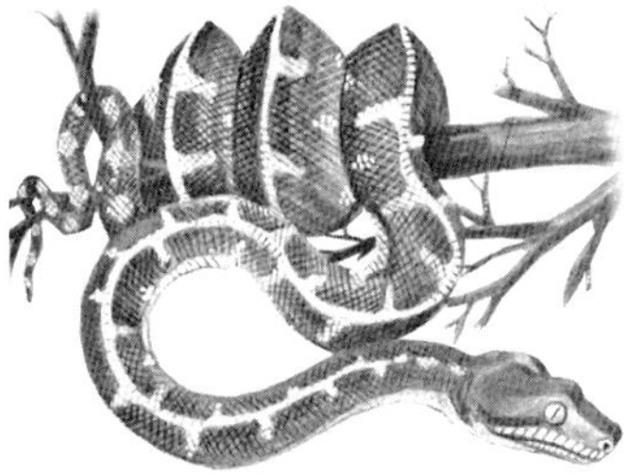

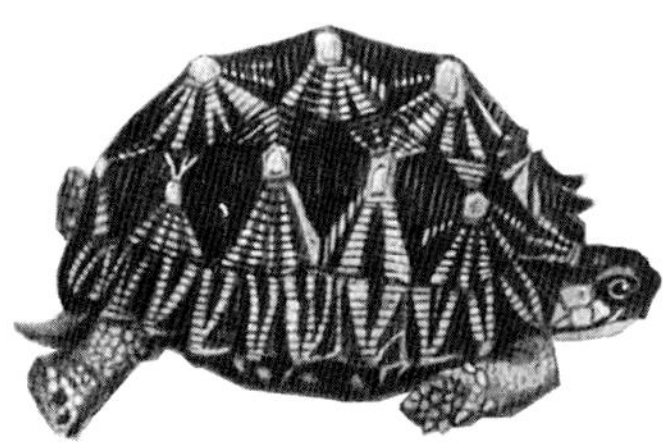